新时代司法职业教育"双高"建设精品教材

司法部信息安全与智能装备重点实验室丛书

# 信息安全实务

## （活页式）

谈洪磊　陈雪松　李永华 ◎ 主编

华中科技大学出版社
http://press.hust.edu.cn
中国·武汉

# 内 容 简 介

本书从信息安全项目实际任务出发，突出实用性和科学性，既注重理论研讨，更注重实践应用。由企业技术专家、高校教师、一线信息化安全工作人员协同开发，体现新技术理念、岗位真实需求、理论科学指导。以问题为导向，解决现实信息安全痛点，以实际任务需求作引导，输入知识，解决问题，输出技术方案。强化实践应用，针对信息安全，提出若干可靠软硬件解决方案及技术实践措施。

本书可作为应用型本科、高职高专相关专业学生以及信息化安全人员培训的教材。

**图书在版编目（CIP）数据**

信息安全实务/谈洪磊，陈雪松，李永华主编 . —武汉：华中科技大学出版社，2024.6
新时代司法职业教育"双高"建设精品教材
ISBN 978-7-5772-0873-2

Ⅰ.① 信…　Ⅱ.① 谈…　② 陈…　③ 李…　Ⅲ.① 信息安全-高等职业教育-教材　Ⅳ.① TP309

中国国家版本馆 CIP 数据核字（2024）第 094000 号

**信息安全实务**　　　　　　　　　　　　　谈洪磊　陈雪松　李永华　主编
Xinxi Anquan Shiwu

策划编辑：张馨芳
责任编辑：苏克超
封面设计：孙雅丽
版式设计：赵慧萍
责任监印：周治超
出版发行：华中科技大学出版社（中国·武汉）　　电话：（027）81321913
　　　　　武汉市东湖新技术开发区华工科技园　　邮编：430223
录　　排：华中科技大学出版社美编室
印　　刷：武汉市洪林印务有限公司
开　　本：787mm×1092mm　1/16
印　　张：10.75　插页：2
字　　数：216 千字
版　　次：2024 年 6 月第 1 版第 1 次印刷
定　　价：48.00 元

# 编写人员

主　编：谈洪磊　陈雪松　李永华

副主编：陈　昊　刘　念　金导航

# 主 编 简 介

谈洪磊　武汉警官职业学院司法侦查系系主任，长期从事电子取证和信息安全方面的实务和研究工作。湖北省职业技术教育学会信息技术类教学指导委员会副理事长，湖北省安全技术防范行业协会理事，湖北省信息网络安全协会会员，上海市信息安全行业协会会员。多次带领团队在全国性技能比赛、创新创业大赛中获奖。

陈雪松　博士，武汉警官职业学院副教授，司法部信息安全与智能装备重点实验室学术委员。司法部"十三五"信息化建设意见书评审专家，司法部"十三五"司法行政科技创新规划编制工作组成员。研究方向涉及系统分析与集成、司法行政信息化、电子政务，主持省级项目、课题10余项，发表论文30余篇，申报专利、软著4项，撰写专著2部，主编、参编教材12部。常年参与和指导智慧法治、智慧监狱、智慧戒毒、智慧矫正、智慧司法局（所）建设工作。主持建设的"湖北省司法行政系统远程视频会见系统""湖北省司法行政系统应急指挥中心项目""湖北省司法厅'司法云'大数据慧治中心""'五位一体'智慧运维体系"，连续四年（2018—2021年）被评为"全国智慧司法十大创新案例"。撰写的《司法行政大数据助力精准普法模式创新》等论文，连续四年（2020—2023年）被评为"全国智慧司法创新论文奖"。

李永华　湖北省监狱管理局科技信息处副处长、三级调研员，湖北监狱系统网络安全和信息化领导小组办公室技术组组长，湖北智慧监狱信息化建设"1252"工程方案的技术设计负责人。自1998年起长期从事监狱信息化工作，参与规划和建设了湖北监狱系统基础网络平台、湖北监狱系统应急指挥体系平台、湖北监狱系统音视频联网监控平台、湖北监狱系统罪犯综合管教软件平台、湖北监狱系统网络安全运维态势管控平台等。2022年，入选司法部监狱管理局全国监狱系统监狱信息化领域专家库。

在当前信息化基础设施建设中，现代网络通信设备、安防设施设备已得到有效普及和部署，物联网、云计算、移动互联、人工智能等新一代信息技术正在广泛应用。信息化安全系统建设带来的安全监控管理工作精细化、行政管理便捷化、协调指挥智能化，极大地提升了现代各类场所的安全管理成效。

信息化基础设施建设与发展在带来信息交互交流机遇的同时，在信息安全方面也带来了新的风险与挑战。

为应对新时代对公共及特殊场所信息安全建设发展的需求，需要对信息安全管理有关知识、理论、技术有清楚的认知，并对相关信息安全管理应对策略和技术有所了解和掌握。

本教材坚持以习近平新时代中国特色社会主义思想为指导，坚持总体国家安全观，坚持正确政治方向，紧紧围绕立德树人根本任务，推进信息安全知识、理论、技术改革创新，用心打造培根铸魂、启智增慧的精品教材，推动我国教育改革创新发展和培养担当民族复兴大任时代新人，将教育理念贯穿于教育教学全过程各环节。

本教材的编写选取典型工作任务，以项目任务驱动，开展基于工作过程的知识讲解和实践训练，能更有效对接岗位标准、工作过程、能力目标，体现了"做中学，学中做"的职业教育教学特色，对专业人才培养形成有力支撑。

本教材以信息化建设及信息安全的基本概念和涉及的安全问题引入，以信息安全管理实践实际任务应用为主线，理论结合实际，从信息安全管理的物理安全及保障、基础信息数据安全、系统安全、网络安全、应用安全、管理安全等不同角度，以典型工作场景任务，导入适用知识理论，强化工作实践中的应用技术，最终使读者理解并掌握涉及信息安全的理论和技术。

本教材旨在培养读者基于信息安全知识技能而拓展的综合能力。坚持问题导向，在实践中发现问题、解决问题，每章有系统的知识理论提供给读者体系化地学习吸收，能较好引导读者自学，有效培养读者的自学能力。在教学实施过程中，学生需要利用信息安全知识和技术面对真实的安全问题，结合知识学习，要思考如何高效准确、科学严谨、创新独特地解决问题，通过教学和训练提高学生实践能力和创新精神。教材还针对同一任务和问题，引导每一位学生采用不同方法和技术来完成；结合实际，学生还可以设计不同或更复杂的任务来寻求和思考解决方法和技术，实现差异化、个性化定制学习。

本教材由谈洪磊、陈雪松、李永华主编，负责全书的统稿和审校工作。谈洪磊编写了项目1、项目5，金导航编写了项目2，刘念编写了项目3，陈昊编写了项目4，陈雪松编写了项目6。

此外，在本教材编写过程中，也得到了相关领域的技术专家、技术工程师、一线人员的大力支持，他们对本书的准确性、专业性、科学性给予了强力支撑。本教材还有在线开放课程教学资源在职教云MOOC学院上线，可以辅助学习。

CONTENTS 目录

# 项目 1

# 认识信息安全

## ├── 1.1　项目导入

习近平总书记在谈到总体国家安全观时讲到，国家安全工作是党治国理政一项十分重要的工作，也是保障国泰民安一项十分重要的工作。坚持统筹发展和安全，坚持发展和安全并重，在发展中更多考虑安全因素，努力实现发展和安全的动态平衡，全面提高国家安全工作能力和水平。要筑牢网络安全防线，提高网络安全保障水平，强化关键信息基础设施防护，加大核心技术研发力度和市场化引导，加强网络安全预警监测，确保大数据安全，实现全天候全方位感知和有效防护。

在国家持续投入下，我国信息化建设水平已基本适应现代社会政治、经济、文化、生态发展的软硬件要求，但在国家信息化建设不断发展的同时，网络信息安全引发的安全威胁也持续暴露出在信息安全管理上还略显薄弱的一面。

## ├── 1.2　能力目标和要求

信息化建设必须要有配套的信息安全体系作为保障。科学化、系统化、规范化、标准化地建立信息安全模型，将信息安全技术和安全机制融入到模型中，构建完善的信息化安全体系，适应信息化对信息安全与运维管理工作的要求成为必然。

学习完本项目，应达到以下能力目标和要求。

（1）掌握信息安全的基本概念。

（2）了解和掌握信息安全体系结构和安全模型。

（3）了解和掌握信息安全涉及的安全要素和业务层面。

（4）了解信息安全分级及等级保护。

（5）了解常见的网络信息安全威胁的种类。

（6）掌握终端设备安全软件的安装部署。

（7）了解抓包软件的安装与使用。

# 1.3 知识概念

## 1.3.1 信息安全的基本概念

ISO（国际标准化组织）对信息安全的定义为：为数据处理系统建立和采用的技术、管理上的安全保护，为的是保护计算机硬件、软件、数据不因偶然和恶意的原因而遭到破坏、更改和泄露。通常是指信息系统（包括硬件、软件、数据、人、物理环境及其基础设施）受到保护，不因偶然的或者恶意的原因而遭到破坏、更改、泄露，系统连续、可靠、正常地运行，信息服务不中断，最终实现业务连续性。

信息安全可分为狭义与广义两个层次。狭义的信息安全是建立在以密码论为基础的计算机安全领域，辅以计算机技术、网络通信技术与编程等方面的内容；广义的信息安全是一门综合性学科，涉及多方面的理论和应用知识，涵盖数学、通信、逻辑学、密码学、计算机等，还涉及法律、心理学、仿生学等社会科学，是一个跨领域的复杂系统。

信息保障技术框架（Information Assurance Technical Framework，简称IATF）给出了一个保护信息系统的通用框架，将信息安全分成以下四个层面。

### 1. 本地环境

本地环境包括服务器、客户机以及所安装的应用程序，主要强调本地服务器和客户机安装的应用程序、操作系统和基于主机的监控设施设备。

### 2. 区域边界

区域是指通过局域网相互连接、安全策略相对单一的本地计算机设备的集合。区域边界是指信息进入或离开区域的网络节点，比如校园网络中心、家庭路由器等。

### 3. 网络设施

网络设施是指提供区域连接的大型网络设施设备，包括各种类型的公共网络，比如城域网、互联网；不同传输介质的传输网络的组件，如卫星、微波、射频（Radio Frequency，简称 RF）技术、光纤等。

### 4. 基础安全设施

基础安全设施是指网络、区域和计算机环境的信息保障机制。IATF 所讨论的两个范围分别是密钥管理基础设施（Key-Management Infrastructure，简称 KMI），其中包括公钥基础设施（Public Key Infrastructure，简称 PKI）；检测与响应设施。

信息安全技术基于 IATF 可以分为物理安全技术、系统安全技术、网络安全技术、应用安全技术、数据安全技术等五个层面。

## 1.3.2　信息安全技术体系架构

根据国家标准《信息系统安全等级保护基本要求》（GB/T 22239—2008），信息系统的安全技术架构应包含物理、网络、系统、应用和数据 5 个层面的安全控制要求。结合信息安全工作实际，可构建信息安全技术体系架构，如图 1-1 所示。

信息安全涉及多方面的理论和应用知识，是一个多领域的复杂系统。一般情况下，可以分成 5 个层面。

### 1.3.2.1　物理层面安全

物理层面安全是相对于物理破坏而言的，所谓物理破坏，是指破坏信息网络赖以生存的外界环境、构成系统的各种硬件资源（包括设备本身、网络连接、电源、存储数据的介质等），以及系统中存在的各种数据。物理安全是保护计算机网络设备、设施及其他媒体，免遭地震、水灾、火灾、电磁辐射等环境事故，以及人为操作失误、错误或者各种计算机犯罪行为导致的破坏，使网络信息系统可以维持正常运行的状态。物理安全主要包括以下 3 个方面。

### 1. 地理环境安全

地理环境安全是指保障系统所在环境的安全技术，主要技术规范是对场地和机房的约束，强调对于地震、水灾、火灾、电磁高压等自然灾害的预防措施。

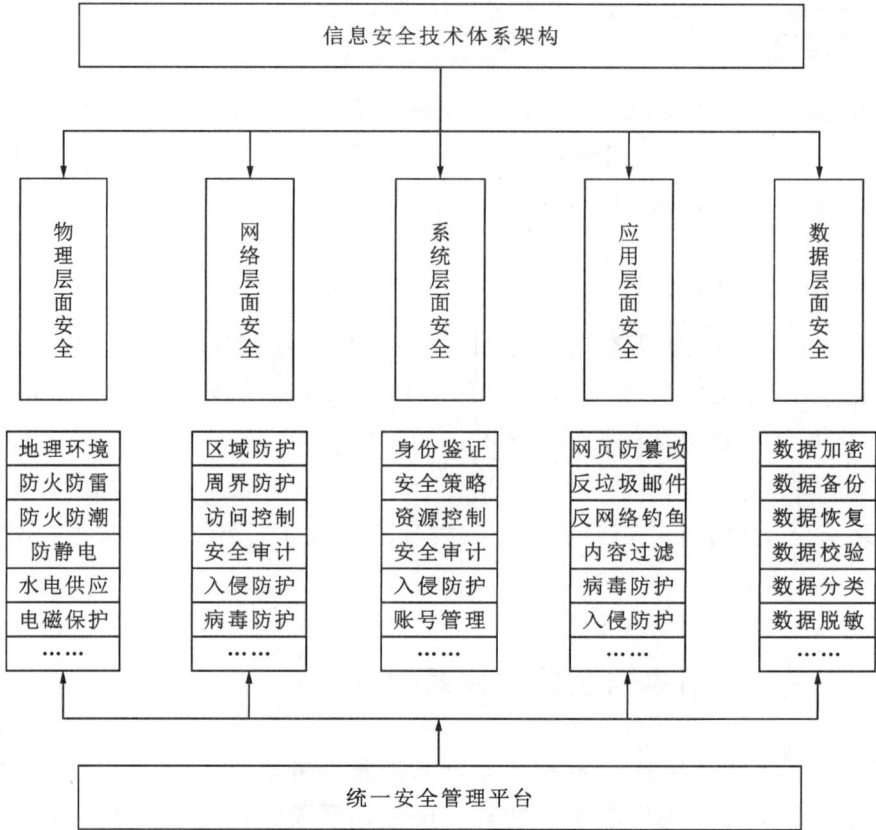

图 1-1　信息安全技术体系架构

### 2. 设备安全

设备安全是指构成信息网络的各种设备、网络线路、供电连接的安全，主要包括设备的防盗、防毁、防电磁辐射泄露、防线路截获、抗电磁干扰及电源保护等。

### 3. 媒体安全

媒体安全包括媒体数据的安全以及媒体存储介质的安全，保证媒体数据的可用性。

## 1.3.2.2　网络层面安全

网络层面安全主要通过采用各种技术和措施，使网络系统正常运行，确保网络可用性、完整性和保密性。网络安全技术是指保护信息网络依存的网络环境的安全保障技术，通过这些技术的部署和实施，确保经过网络传输和交换的数据不会被增加、修改、丢失和泄露等。

较常用的网络安全技术包括防火墙、VPN 服务、入侵检测、安全审计、周界防护等（见表 1-1）。

表 1-1 信息网络安全的技术组成

| 项目 | 内容 | |
|---|---|---|
| 网络层面安全 | 局域网、内网安全 | 访问控制（防火墙） |
| | | 网络入侵检测系统 |
| | | 周界防护（红外、电网） |
| | 数据传输安全 | 数据加密传输（SSL、VPN 等） |
| | 网络运行安全 | 备份与恢复 |
| | | 安全审计、恶意代码防范 |
| | 网络协议安全 | TCP/IP 协议 |
| | | 专用通信协议 |

如因工作需要，在内部网和外部网之间，设置防火墙实现内外网的隔离和访问控制是保护内部网安全的主要措施，同时也是较有效、较经济的措施之一。

### 1.3.2.3 系统层面安全

系统层面安全关注的是硬件平台和操作系统、数据库平台的安全，涉及软硬件基础资源的安全。操作系统能够管理各种硬件资源，通过操作系统实现对信息处理设备、存储设备、输入输出设备、网络连接的正常工作与资源协调。数据库平台管理的数据信息则是网络信息系统中较基本的元素，数据的标准化、处理方式、处理结果、数据接口是系统层面较重要的工作需求。

系统安全技术就是实现系统安全的各种方法、措施和过程。系统安全也是一个宽泛的概念，本书将利用专门章节讨论几个重要的系统层面安全，如操作系统安全、数据库安全、硬件平台安全等（见表 1-2），通过相对标准的系统结构和安全技术，且具代表性和使用较广泛的系统来讨论并产生认知。

表 1-2 信息系统安全的技术组成

| 项目 | 内容 | |
|---|---|---|
| 系统层面安全 | 操作系统安全 | 安全策略、端口管理 |
| | | 防病毒软件 |
| | | 入侵检测（监控）、安全审计 |
| | 数据库安全 | 数据库安全（备份与恢复） |
| | | 数据库管理系统安全 |

续表

| 项目 | 内容 | |
|------|------|------|
| 系统层面安全 | 硬件平台安全 | 传输介质安全 |
| | | 存储介质安全 |
| | | 硬件设备维护 |

### 1.3.2.4 应用层面安全

应用层面安全是指在信息网络中为达到业务应用目的而使用网络服务程序的安全。应用安全技术是指以保护特定应用程序为目的的安全技术，如反垃圾邮件技术、网页防篡改技术、内容过滤技术、Web 安全技术等。需要关注的是，网络应用都会通过专用特定的协议来实现与用户的信息交互，如电子邮件采用 POP3（邮局协议版本 3），定义怎样连接到互联网邮件服务器和下载电子邮件；采用 SMTP（简单邮件传输协议），用来控制电子的中转方式；采用 HTTPS（超文本传输安全协议），实现网页访问的加密处理和认证以及完整性保护。

应用层面安全更多考虑的是应用软件平台自身安全和专用协议的安全、编程开发语言的安全（见表 1-3）。

表 1-3　信息应用安全的技术组成

| 项目 | 内容 | |
|------|------|------|
| 应用层面安全 | 邮件应用安全 | 邮件过滤技术 |
| | | 邮件加密与签名 |
| | Web 应用安全 | Web 应用程序安全 |
| | | Web 浏览器安全 |
| | 应用程序安全 | 编程语言平台安全 |
| | | 程序代码安全 |

### 1.3.2.5 数据层面安全

在数字经济时代，数据层面安全是信息安全的基础和核心内容，是国家安全的重要组成部分。利用好数据，保护好数据，也是提高信息化工作绩效的关键。

《数据安全法》第六条规定：工业、电信、交通、金融、自然资源、卫生健康、教育、科技等主管部门承担本行业、本领域数据安全监管职责。公安机关、国家安全机关等依照本法和有关法律、行政法规的规定，在各自职责范围内承担数据安全监管职责。第十六条规定：国家支持数据开发利用和数据安全技术研究，鼓励数据开发利用和数据安全等领域的技术推广和商业创新，培育、发展数据开发利用和数据安全产品、产业体系。

信息安全需要保证数据生产、存储、传输、访问、使用、销毁的全生命周期的数据安全，对数据的分析、挖掘、决策必须以数据安全为前提。

数据层面安全技术包括但不限于数据备份与恢复、数据加密、数据传输安全、数据分级分类管理、数据验证、数据溯源等（见表 1-4）。

表 1-4　信息数据安全的技术组成

| 项目 | 内容 | |
|---|---|---|
| 数据层面安全 | 数据保密性 | 数据分级分类管理 |
| | | 数据加密、访问授权 |
| | 数据完整性 | 数据传输安全 |
| | | 数据验证、数据溯源 |
| | 数据可用性 | 数据备份与恢复 |
| | | 数据容灾 |

## 🔍 1.3.3　信息安全要素概念

信息安全三要素是安全的基本组成元素，分别是保密性（Confidentiality）、完整性（Integrit）、可用性（Availability），通常取英文首字母简称为安全的 CIA 三要素。还可拓展的两个元素是可控性（Controlability）和不可否认性（Non-repudiation）。

### 1. 保密性

保密性是指防止向未经授权的人员、资源或进程披露信息，非授权人员、实体或过程不能访问信息，信息数据只能被授权用户和实体利用的特性。

### 2. 完整性

要保证信息数据的准确性、一致性和可信度，未经授权不能更改数据。完整性是指信息在存储或传输的过程中没有被修改、破坏，没有发生丢失的特性。

### 3. 可用性

可用性是指信息可被授权实体访问和使用的特性，确保授权用户可以在需要的时候访问信息。

### 4. 可控性

对信息的内容及传播具有控制能力，对信息和信息系统可实施安全监控管理，防止非法利用信息和信息系统。

### 5. 不可否认性

在信息交互过程中，信息交互的双方不能否认其在交互过程中发送信息或接收信息的行为。在一定程度上杜绝信息交互各方的相互欺骗行为，通过提供证据来防止这样的行为。

## 🔍 1.3.4 信息安全等级保护

根据《计算机信息系统安全保护条例》等有关法律法规，信息安全等级保护是对信息和信息载体按照重要性等级进行保护的一种工作。

信息安全等级保护，是指对国家秘密信息及公民、法人和其他组织的专有信息以及公开信息和存储、传输、处理这些信息的信息系统分等级实行安全保护，对信息系统中使用的信息安全产品实行按等级管理，对信息系统中发生的信息安全事件分等级响应、处置。

信息安全等级保护包括定级、备案、安全建设和整改、信息系统安全等级测评、信息安全检查五个阶段。

信息系统安全等级测评是验证信息系统是否满足相应安全保护等级的评估过程。信息安全等级保护要求不同安全等级的信息系统应具有不同的安全保护能力，一方面通过在安全技术和安全管理上选用与安全等级相适应的安全控制来实现；另一方面分布在信息系统中的安全技术和安全管理上的不同的安全控制，通过连接、交互、依赖、协调、协同等相互关系，共同作用于信息系统的安全功能，使信息系统的整体安全功能与信息系统的结构以及安全控制间、层面间和区域间的相互关系更加密切。因此，信息系统安全等级测评在安全控制测评的基础上，还要包括系统整体测评。

### 1.3.4.1 信息系统的安全保护等级

根据《信息安全等级保护管理办法》规定，国家信息安全等级保护坚持自主定级、自主保护的原则。信息系统的安全保护等级应当根据信息系统在国家安全、经济建设、社会生活中的重要程度，信息系统遭到破坏后对国家安全、社会秩序、公共利益以及公民、法人和其他组织的合法权益的危害程度等因素确定。

信息系统的安全保护等级分为以下五级。

## 1. 第一级，用户自主保护级

信息系统受到破坏后，会对公民、法人和其他组织的合法权益造成损害，但不损害国家安全、社会秩序和公共利益。本级适用于普通内联网用户。第一级信息系统的运营、使用单位应当依据国家有关管理规范和技术标准进行保护。

## 2. 第二级，系统审计保护级

信息系统受到破坏后，会对公民、法人和其他组织的合法权益产生严重损害，或者对社会秩序和公共利益造成损害，但不损害国家安全。本级适用于通过内联网或国际网进行商务活动，需要保密的非重要单位。国家信息安全监管部门对该级信息系统安全等级保护工作进行指导。

## 3. 第三级，安全标记保护级

信息系统受到破坏后，会对社会秩序和公共利益造成严重损害，或者对国家安全造成损害。本级适用于地方各级国家机关、金融机构、邮电通信、能源与水源供给部门、交通运输、大型工商与信息技术企业、重点工程建设等单位。国家信息安全监管部门对该级信息系统安全等级保护工作进行监督、检查。

## 4. 第四级，结构化保护级

信息系统受到破坏后，会对社会秩序和公共利益造成特别严重损害，或者对国家安全造成严重损害。本级适用于中央级国家机关、广播电视部门、重要物资储备单位、社会应急服务部门、尖端科技企业集团、国家重点科研机构和国防建设等部门。国家信息安全监管部门对该级信息系统安全等级保护工作进行强制监督、检查。

## 5. 第五级，访问验证保护级

信息系统受到破坏后，会对国家安全造成特别严重损害。本级适用于国防关键部门和依法需要对计算机信息系统实施特殊隔离的单位。国家信息安全监管部门对该级信息系统安全等级保护工作进行专门监督、检查。

### 1.3.4.2  信息系统的安全等级保护的基本原则

根据《信息系统安全等级保护实施指南》精神，明确了以下基本原则。

## 1. 自主保护原则

信息系统运营、使用单位及其主管部门按照国家相关法规和标准，自主确定信息系统的安全保护等级，自行组织实施安全保护。

## 2. 重点保护原则

根据信息系统的重要程度、业务特点，通过划分不同安全保护等级的信息系统，实现不同强度的安全保护，集中资源优先保护涉及核心业务或关键信息资产的信息系统。

## 3. 同步建设原则

信息系统在新建、改建、扩建时应当同步规划和设计安全方案，投入一定比例的资金建设信息安全设施，保障信息安全与信息化建设相适应。

## 4. 动态调整原则

要跟踪信息系统的变化情况，调整安全保护措施。由于信息系统的应用类型、范围等条件的变化及其他原因，安全保护等级需要变更的，应当根据等级保护的管理规范和技术标准的要求，重新确定信息系统的安全保护等级，根据信息系统安全保护等级的调整情况，重新实施安全保护。

在等级保护的实际操作中，强调从以下 5 个部分进行保护。

（1）物理部分：包括周边环境，门禁检查，防火、防水、防潮、防尘、防鼠虫、防雷，防电磁泄漏和干扰，电源备份与管理，设备的标识、使用、存放和管理等。

（2）平台支撑部分：包括计算机系统、操作系统、数据库系统和通信系统。

（3）网络部分：包括网络的拓扑结构、网络的布线和防护、网络设备的管理和报警、网络攻击的监控和处理。

（4）应用系统部分：包括系统登录、权限划分与识别、数据备份和容灾处理、运行管理和访问控制、密码保护机制和信息存储管理。

（5）管理制度部分：包括管理的组织机构和各级的职责、权限划分和责任追究制度，人员的管理和培训、教育制度，设备的管理和引进、退出制度，环境管理和监控、安防和巡查制度，应急响应制度和程序，规章制度的建立、更改和废止的控制程序。

由这 5 部分的安全控制机制构成系统整体安全控制机制。

### 1.3.4.3 信息系统的安全等级保护的定级依据

信息系统安全需要准确地评价信息系统，最终确定信息安全保护等级，为信息系统安全规划、建设、分等级保护提供依据。定级依据可参考：

(1)《中华人民共和国计算机信息系统安全保护条例》(2011 年修订)；

(2)《国家信息化领导小组关于加强信息安全保障工作的意见》(中办发〔2003〕27 号)；

(3)《关于信息安全等级保护工作的实施意见》(公通字〔2004〕66 号)；

(4)《信息安全等级保护管理办法》(公通字〔2007〕43 号)；

(5)《关于开展全国重要信息系统安全等级保护定级工作的通知》(公信安〔2007〕861 号)；

(6)《关于开展信息安全等级保护安全建设整改工作的指导意见》(公信安〔2009〕1429 号)；

(7)《中华人民共和国网络安全法》(自 2017 年 6 月 1 日起实施)。

重要标准规范有：

(1)《计算机信息系统安全保护等级划分准则》(GB 17859—1999)(基础类标准)；

(2)《信息安全技术 信息系统安全等级保护实施指南》(GB/T 25058—2010)(基础类标准)；

(3)《信息安全技术 信息系统安全等级保护定级指南》(GB/T 22240—2008)(应用类定级标准)；

(4)《信息安全技术 信息系统安全等级保护基本要求》(GB/T 22239—2008)(应用类建设标准)；

(5)《信息安全技术 信息系统安全通用技术要求》(GB/T 20271—2006)(应用类建设标准)；

(6)《信息安全技术 信息系统等级保护安全设计技术要求》(GB/T 25070—2010)(应用类建设标准)；

(7)《信息安全技术 信息系统安全等级保护测评要求》(GB/T 28448—2012)(应用类测评标准)；

(8)《信息安全技术 信息系统安全等级保护测评过程指南》(GB/T 28449—2012)(应用类测评标准)；

(9)《信息安全技术 信息系统安全管理要求》(GB/T 20269—2006)(应用类管理标准)；

（10）《信息安全技术 信息系统安全工程管理要求》（GB/T 20282—2006）（应用类管理标准）；

（11）《信息安全技术 网络安全等级保护基本要求》（GB/T 22239—2019）（基础类标准）；

（12）《信息安全技术 网络安全等级保护安全设计技术要求》（GB/T 25070—2019）（应用类建设标准）；

（13）《信息安全技术 网络安全等级保护测评要求》（GB/T 28448—2019）（应用类测评标准）。

## 1.3.5 常见网络信息安全的威胁

### 1.3.5.1 黑客攻击

黑客（Hacker），来源于英语单词。黑客最初曾指热心于计算机技术、水平高超的电脑高手，尤其是程序设计人员，对编程有无穷兴趣和热忱的人，专心于软件系统的专家等。早期黑客经常实施一些信息系统和软件上的破坏，开发一些"恶作剧"的程序或恶意闯入他人计算机和系统，但也推动了计算机、网络技术的发展，有些人甚至成为 IT 行业的企业家和安全专家。

根据闯入计算机或网络获取访问的目的和意图，可以将黑客分成白帽黑客、灰帽黑客和黑帽黑客。白帽黑客的闯入行为会在所有者事先许可的情况下完成，旨在发现信息系统的弱点和漏洞，并将所有收集的结果反馈给所有者；黑帽黑客则利用信息系统漏洞非法或未经授权进行个人、经济或政治上的获益；灰帽黑客介于白帽黑客和黑帽黑客之间，灰帽黑客找到信息系统漏洞后，可能将漏洞报告给信息系统所有者，也可能在互联网公开关于漏洞的数据事实，以炫耀自己的能力，不具备恶意，但可能造成不良后果。

红客，在中国特指在网络世界热爱祖国、珍爱和平、维护国家利益、代表中国人民意志的计算机人员。蓝客指信仰自由、提倡爱国主义的计算机技术人员，立志维护网络世界的和平。

当前，黑客群体展露出以下三种特性。一是扩大化。随着信息技术的发展与普及，越来越多的人尤其是年轻人热衷于黑客技术，宣扬黑客文化，甚至还有很多人并不是计算机专业的学生，但具有一定天赋能熟练运用黑客工具，且专业知识面广泛，从而造成恶意攻击、炫技式攻击、练习式攻击频频发生，导致不良影响和网络故障。二是组织化和集团化。以个人行为为主的黑客行为越来越少，联盟、群组等黑客组织大量出现，且出于政治、经济等目的的黑客组织造成的社会影响更为巨大,加强监管和引导越来越重要。三是商业化。与早期黑客以技术研究升级为主旨不同,黑客出于经济目的用黑客技术作为谋取经济利益的行为越来越多,如勒索病毒等。也有黑客组织和人员转型为信息安全公司的实例。

### 1.3.5.2　网络扫描

网络扫描是网络信息收集中最主要的环节。网络中的每一台计算机都如同一个坚固的城堡,有很多大门对外完全开放,提供相应的网络服务,如邮件传递、网页访问、远程聊天、在线音乐等,有些大门则是紧闭的。这些大门在计算机网络技术中被称为计算机的端口。每个操作系统都开放有不同的端口供网络通信中的网络应用程序使用,如 TCP 协议传输端口号 21 用于文件传输,端口号 80 用于网页浏览,端口号 110 用于邮件服务,端口号 23 用于远程登录。可通过安全设置关闭端口从而禁止相关网络服务,达到保护主机的目的。

网络扫描的目的就是探测目标网络,找到当前在线的尽可能多的连接目标,探测获取目标系统的网络地址、开放端口、操作系统类型、运行的网络服务、存在的安全弱点等信息。网络扫描软件可以完成目标系统信息的收集,如 X-Scan、Scanline、Nmap 等。

网络扫描可分为端口扫描和漏洞扫描。端口扫描主要判断目标主机的存活性、开放的端口、激活运行的网络服务、目标主机运行的操作系统和软件,进而制定入侵策略,选择入侵工具实施攻击;漏洞扫描主要扫描目标主机开放的端口、运行的网络服务,目标主机的操作系统和应用软件存在哪些漏洞,进而利用漏洞进行攻击。漏洞扫描特征库的全面性是衡量漏洞扫描软件性能的重要指标,漏洞特征库越丰富、越全面,扫描软件功能越强大。

### 1.3.5.3　密码破解

信息安全最常用的访问控制方法就是密码保护,通过在登录时验证密码来控制非系统注册用户访问系统。密码是保护信息系统用户的非常重要的首道防护门。密码破解也是黑客侵入系统最常用的方法。通常管理员也会偶尔建立并使用一个非常用高管理权限账号来实现找回账号的功能。

入侵者实现密码破解的方法一般有暴力破解、密码字典、社会工程学、网络嗅探、木马程序、键盘记录程序等,甚至通过删除密码文件(通过 U 盘或光盘启动主机)来完成。

暴力破解是指通过密码匹配的方法破解，最基本的方法就是穷举法和字典法。将字符或数字按照穷举的规则生成密码字符串进行遍历尝试。在密码复杂性较强或较长的情况下穷举法效率极低。

密码字典是指内含单词或数字的组合、通用密码组合等形成的大文本文件，结合破解软件，在密码是一个单词或日期等简单组合的情况下，能轻易破解密码。

社会工程学是指通过欺诈手段套取用户密码并实现破解。

网络嗅探是指在网络上利用计算机网络接口截获其他计算机的数据信息，并对数据进行分析，从而获取用户密码。网络嗅探一般通过集线器环境、交换机环境下 ARP 欺骗及交换机环境下端口映射来实现信息的获取。

木马程序是指在计算机领域中的一种"后门"程序，在用户不知情的情况下，攻击者通过各种手段传播或骗取目标用户运行该程序，以达到盗窃密码等数据资料、控制主机等目的。

键盘记录程序是指在目标用户主机中通过各种手段传播或远程植入的一种可以记录用户键盘操作的间谍软件程序，攻击者可利用软件记录用户输入的键盘信息，从而窃取用户各类账号和密码以及其他隐私信息。

### 1.3.5.4  网络监听（嗅探）

网络监听也称网络嗅探，是指利用计算机网络接口截获其他计算机的网络通信数据包，通过分析数据包获取其他计算机用户的重要信息数据，如密码、邮件、应用信息等。

常见网络监听软件有 Wireshark、Sniffer Pro 等。网络监听设备可以是软件，也可以是硬件，硬件也称网络分析仪。网络监听原来是网络管理员经常使用的一个工具，主要用来监视网络的运行状态、流量情况、传输质量等，网络管理员通过分析网络数据包来优化网络、掌握网络运行情况，黑客用来分析窃取信息数据。所以许多网络工具既可以用来维护管理网络，也可以用来攻击网络或窃取网络信息，它们是双刃剑，要学会正确予以利用和对待。

### 1.3.5.5  恶意软件

恶意软件是指旨在干扰计算机正常运行或者在用户不知情或未经用户允许的情况下执行恶意任务的软件，恶意软件通常包括计算机病毒、计算机蠕虫、木马软件、勒索程序、间谍软件、恐吓软件等。

恶意软件通常是用户在浏览一些恶意网站或者在不安全的站点下载程序、点击非正常下载链接等情况下，导入恶意代码或下载运行不明程序造成的。直到用户发现不断有不明恶意广告弹出、不明网站自动打开时，才有可能察觉计算机已被恶意软件侵染，部分恶意软件也会窃取用户重要个人信息数据。恶意软件还会通过移动存储介质如 U 盘、移动硬盘等进行传播。

计算机病毒通常会附加到合法程序被用户启动或在特定时间或日期激活。计算机病毒可能只会是一个"恶作剧"程序，也可能会修改和删除计算机内重要文件和数据，严重的计算机病毒会破坏操作系统和硬件设置，造成用户重大损失。病毒的传染性也使病毒能在网络环境中快速传播，影响大量用户的网络应用，造成社会大量财富损失。

计算机蠕虫是一种能利用系统漏洞通过网络自我传播的恶意程序。蠕虫通常会侵蚀系统资源，减慢系统和网络运行速度。蠕虫病毒不需要宿主程序，能独立运行，自我传播，危害性较强。

木马软件是指通过伪装成其他正常实用的软件形式诱导用户安装与运行，并执行恶意任务的恶意软件。木马与病毒不同点在于，木马通常将自身绑定到不可执行的文件如图片、音频文件或游戏等。木马软件也称"特洛伊木马"，起源于希腊神话故事。

勒索程序是一种新型电脑病毒，主要以邮件、木马程序、网页挂马的形式进行传播。勒索程序会对受害用户所有文档、图片文件进行格式篡改和加密，被感染者一般无法解密，必须拿到解密的私钥才有可能破解，用户按勒索提示付款才会解密文件。该病毒性质恶劣、危害极大，一旦感染将给用户带来无法估量的损失。勒索程序主要通过三种途径传播：漏洞、邮件和广告推广。

间谍软件是一种能够在用户不知情的情况下，在其电脑上安装后门、收集用户信息的软件，后门会绕过用于访问系统的正常身份验证。间谍软件常被泛泛地定义为从计算机上收集信息，并在未得到该计算机用户许可时便将信息传递到第三方的软件上。间谍软件之所以成为灰色区域，主要因为它是一个包罗万象的术语，包括很多与恶意程序相关的程序，而不是一个特定的类别。大多数间谍软件不仅涉及广告软件、色情软件和风险软件程序，还包括许多木马程序，如 Backdoor Trojans、Trojan Proxies 和 PSW Trojans 等。间谍软件的另一个附属品就是广告软件。

恐吓软件是指驱使用户因恐惧而采取特定操作的程序。恐吓软件伪造类似于操作系统对话窗口的弹出窗口，这些窗口显示伪造的消息，声称系统存在风险或需要执行特定程序才能恢复正常工作。事实上系统根本不存在问题，如果用户同意并允许提到的程序执行操作，恶意软件就会感染系统。

### 1.3.5.6 欺骗攻击

欺骗攻击是一种假冒攻击,利用信息系统或主机间的信任关系,攻击者绕过身份验证或同系统无须验证,从而利用本不具备的信任关系访问和应用信息系统。

欺骗攻击有多种类型。

MAC 地址欺骗是当一台计算机通过软件修改为另一台计算机的 MAC 地址接收数据包时,发生的信息交互行为。

IP 地址欺骗是通过伪造 TCP 序列号或源主机 IP 地址,使数据包看起来来自被信任的计算机而非正确的源计算机,从而达到隐藏源主机 IP 地址目的的信息交互行为。

ARP 欺骗是利用 ARP 协议特点,通过黑客软件实现发送欺骗性 ARP 应答信息,欺骗内网主机与黑客指定主机产生回应,从而窃取、收集信息的行为。

域名系统欺骗是指通过黑客软件修改 DNS 服务器,将特定域名重新路由到黑客控制的另一个不同地址,从而窃取交互信息的欺骗攻击行为。

### 1.3.5.7 拒绝服务攻击(泛洪攻击)

拒绝服务攻击(Denial of Service,DoS)是一种影响非常大的网络攻击类型。攻击者以网络、主机或应用无法处理的速度,控制大量"僵尸计算机"(被控制或被木马病毒感染的主机)向目标主机或系统发送大量无效连接请求或数据,导致目标主机或系统访问速度变慢,或无法访问、服务崩溃,从而阻止正常用户访问。拒绝服务攻击是有重大风险的网络攻击。

拒绝服务攻击的对象可以是节点设备、终端设备,也可以针对线路。攻击目的,一种是消耗目标主机或系统的可用资源,造成服务器无法对正常的请求再做出及时响应,形成事实上的服务中断;另一种是消耗服务器链路的有效带宽,攻击者通过向目标服务器发送海量无效连接请求或数据包,占据链路整个带宽,使合法用户请求无法通过链路到达服务器。

常见的拒绝服务攻击如下。

死亡之 Ping 是最古老、最简单的拒绝服务攻击,通过大量、长时间、连续向目标主机发送 ICMP 数据包,消耗目标主机 CPU 资源,最终使系统瘫痪。

SYN 泛洪攻击是利用 TCP 协议三次握手原理,向目标主机发送大量伪造的 SYN 包,形成大量半开连接的存在,使目标主机无法正常连接。

UDP 泛洪攻击是利用 UDP 协议在接收报文时产生的 ICMP 返回信息的原理,向目标主机发送大量伪造源地址的报文,使目标主机耗尽资源,系统最终崩溃。

### 1.3.5.8　缓冲区溢出攻击

缓冲区是指一块在计算机内存中的连续的区域，通过把某些数据临时存储在这个区域内，方便应用程序随时调用处理。当向缓冲区的有限空间存储过量数据时，数据会溢出存储空间，覆盖其他存储空间的数据，从而破坏程序正常执行或转而执行其他黑客预定的执行代码，通常会导致系统无法运行。这就是缓冲区溢出攻击。

发起缓冲区溢出攻击时，攻击者会在目标服务器上查找与系统内存相关的缺陷，通过向目标发送错误格式或数据进行攻击，最终耗尽缓冲区内存导致系统无法正常运行。死亡之 Ping 攻击会因响应 IP 数据包中大于最大数据包大小 64K 的回应请求，导致接收主机无法处理而崩溃。据行业专家估计，有三分之一的恶意攻击起因于缓冲区溢出。

### 1.3.5.9　无线和移动设备攻击

随着无线和移动设备的不断广泛使用，某些技术手段和软件也在威胁无线和移动设备的安全。

灰色软件指那些不被认为是病毒或木马程序，但会对无线设备及效能造成负面影响，导致网络安全受损的软件。编写者会在软件许可协议中包含应用功能的说明来证明合法性，但用户通常未真正重视和考虑其功能。如某些不需要卫星定位，而需要用户允许开启定位权限的软件，如某些手机涉嫌违规收集用户隐私信息等。

接入点欺诈是指未获得明确授权而在安全网络中提供无线接入点的行为，当用户连接不明授权的无线接入点后，可能被黑客分析流量，窃取相关信息。

电磁干扰是指黑客通过电磁或射频干扰，从而使被攻击者无法获取无线信号或卫星信息进行正常通信的行为。

蓝牙攻击是指利用蓝牙设备无线配对功能向另一台蓝牙设备发送未授权消息的行为，干扰其他人蓝牙功能的正常使用。也有利用蓝牙漏洞非法获取他人设备信息的情况。

WEP 和 WPA 攻击是指利用无线技术通过数据包嗅探器分析无线接入点与合法用户数据包，实现网络接入密码攻击的行为。

### 1.3.5.10　Web 安全攻击

当前，微信、微博、社交软件、移动应用等网络应用广泛使用，作为网络应用载体的 Web 技术也极大影响到人们的社会生活，同时也面临 Web 技术应用带来的安全风险。Web 应用的安全威胁主要集中在四个方面：基于 Web 服务器软件的安全威胁，基于 Web 应用程序的安全威胁，基于传输网络的安全威胁，基于浏览器和用户的 Web 浏览安全威胁。本节主要讨论常见的 Web 应用程序的安全威胁。

SQL 注入是攻击者利用网站代码对用户输入数据验证不完善的漏洞，向网站服务器提交恶意的 SQL 查询代码，造成信息泄露、权限提升或未经授权访问的攻击。

XSS 攻击（跨站脚本攻击）是目前最常见的 Web 应用程序安全攻击手段，它利用 Web 安全漏洞，在 Web 页面中植入恶意代码或其他恶意脚本，用户访问该页面时，会解析和执行恶意代码，造成个人信息泄露或被攻击者假冒合法用户与网络进行交互。

CSRF 攻击（跨站请求伪造攻击）是身份盗用的网络攻击，用户访问正常网站时会将登录账号和密码保存在浏览器的 cookie 中，用户被诱导再用浏览器访问攻击者网站后，攻击者网站会向正常网站利用 cookie 发起一些伪造的用户操作请求，以达到攻击的目的。

关于信息安全的威胁，上述只是讲到一部分常见和普通的攻击方法和形式，还未包括所有。本节只是向大家提供信息安全攻击的普遍性认识，从而提高大家对信息安全的了解和认识。现实中，网络攻击还会通过更多更新的形式和技术手段来实施，这就需要大家提高信息安全认识并学会辨析，从而予以预防和应对。

另外，社会工程学结合信息技术手段开展的攻击方式不断升级更新，基本就是生活中的骗术，涉及的战术也很多，如利用权威、恐吓、共识/社交认同、稀缺、紧急、熟悉/喜爱、信任等，本章不予讨论。

# 1.4  项目实施

## 🔍 任务 1-1  安装和使用 360 安全软件

**任务描述**

小张从学校分配到某单位，负责单位内部计算机终端的日常维护和管理工作。

他发现单位内部很多计算机没有安装计算机杀毒软件和个人防火墙软件，在一定程度上影响了单位计算机终端的安全性。

小张决定在单位内部计算机普及防病毒软件的安装，通过国产防病毒软件的安装应用，保护单位计算机设备安全，检测并保障办公设备安全。

**任务实施**

（1）从奇虎360官方网站"https：//www.360.cn/"下载软件安装包，如图1-2所示。

**图1-2 点击离线安装包可以下载完全安装包**

（2）找到安装包的下载位置，双击setup.exe启动安装程序。如图1-3所示，下载位置在桌面上。

**图1-3 安装包下载到"桌面"（desktop）上了**

（3）指定软件安装的位置，本例为默认安装到计算机系统盘 C 盘下的"C：\ Program Files（x86）\ 360 \ 360Safe"目录下（见图 1-4）。可指定安装到其他盘。

**图 1-4　安装软件到系统默认目录位置**

（4）安装完成后，软件自动启动。可以点击"立即体检"开始系统智能扫描（见图 1-5），检测安全漏洞和木马软件。检测完成后可以"一键修复"完成系统自动修复。

**图 1-5　开始系统自检**

## 🔍 任务 1-2　使用 Wireshark 网络封包分析软件

**任务描述**

Wireshark（前身为 Ethereal）是一个网络包分析工具。该工具主要用于捕获网络数据包，并自动解析数据包，为用户显示数据包的详细信息，供用户对数据包进行分析。

小张想了解当前计算机的网络应用通信情况，决定使用 Wireshark 分析工具来查看网络流量包的情况。事先下载安装好 Wireshark 分析工具软件。

**任务实施**

安装好 Wireshark 以后，就可以运行它来捕获数据包了。方法如下。

（1）在 Windows 的"开始"菜单中，单击 Wireshark 菜单，启动 Wireshark，如图 1-6 所示。

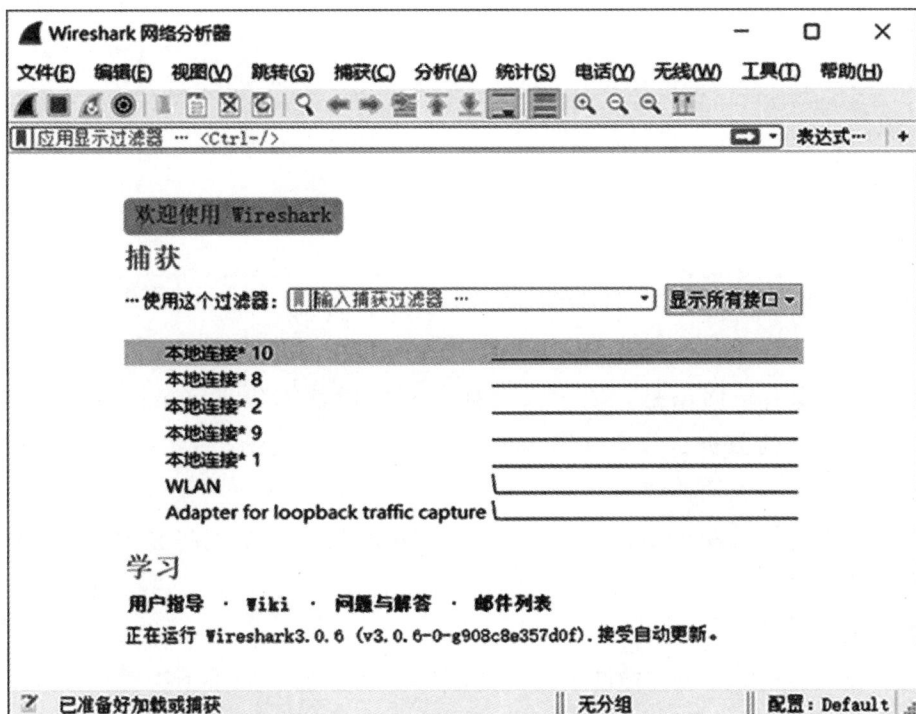

图 1-6　Wireshark 启动后的主界面

图 1-6 为 Wireshark 的主界面，主界面中显示了当前可使用的接口，例如本地连接 8、本地连接 10 等。要想捕获数据包，必须选择一个接口，表示捕获该接口上的数据包。

（2）在图 1-6 中，选择捕获"本地连接"接口上的数据包。选择"本地连接"选项，然后单击左上角的"开始捕获分组"按钮，从而开始捕获网络数据，如图 1-7 所示。

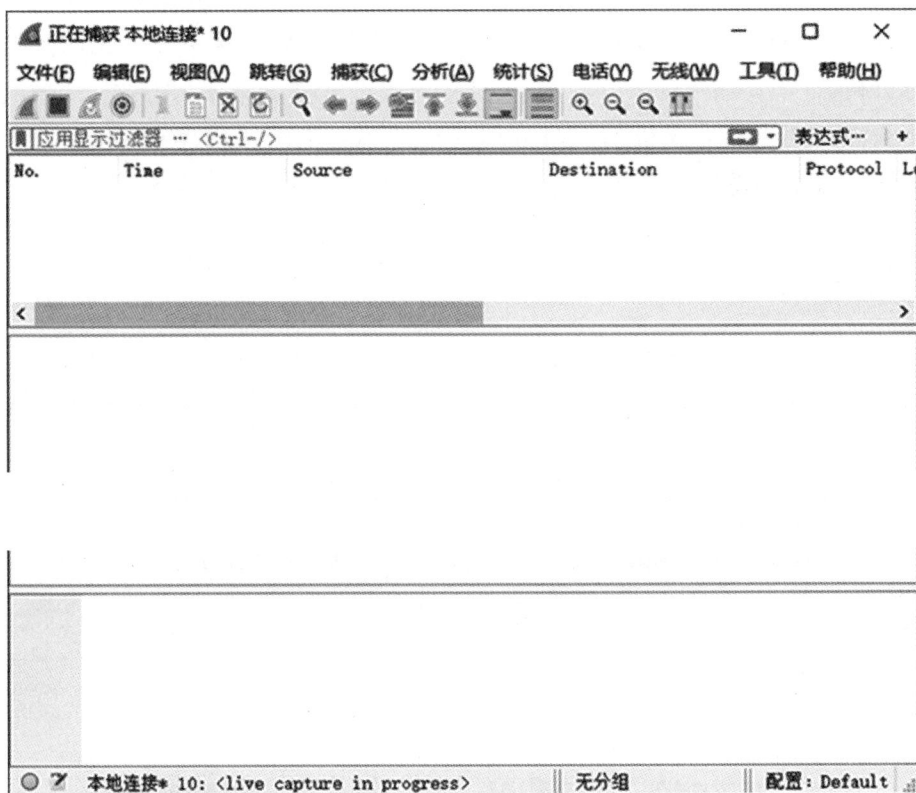

**图 1-7　Wireshark 开始捕获网络数据**

图 1-7 中没有任何信息，表示没有捕获到任何数据包。这是因为目前"本地连接"上没有任何数据。只有在本地计算机上进行一些操作后才会产生一些数据，如浏览网站。

（3）当本地计算机浏览网站时，"本地连接"接口的数据将会被 Wireshark 捕获到。捕获到的数据包如图 1-8 所示。方框中显示成功捕获到"本地连接"接口上的数据包。

（4）Wireshark 将一直捕获"本地连接"上的数据。如果不需要再捕获，可以单击左上角的"停止捕获分组"按钮，停止捕获。

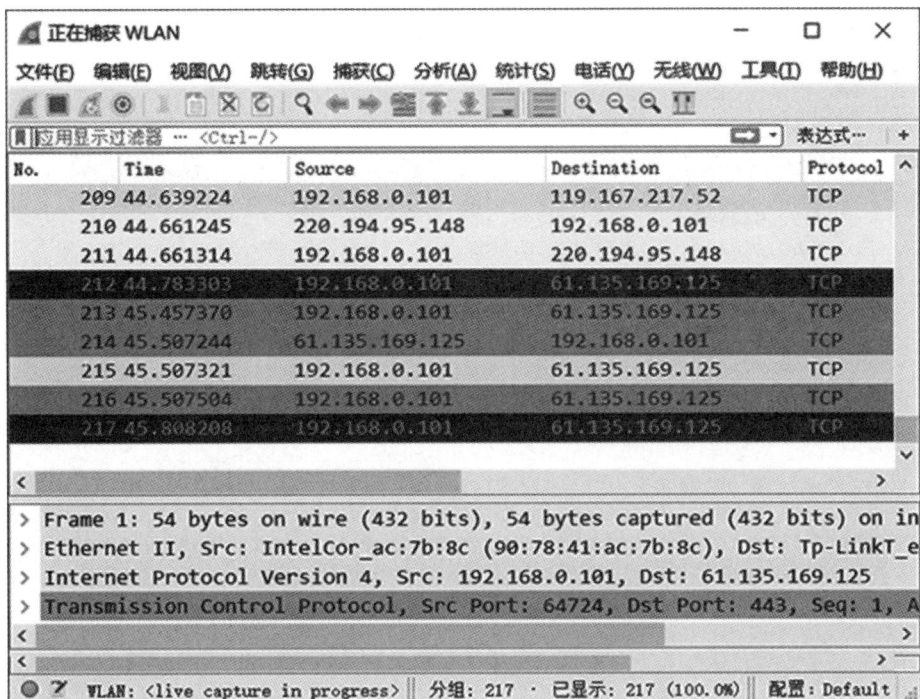

图 1-8　Wireshark 捕获到的网站数据包

拓展知识

### 使用显示过滤器

默认情况下，Wireshark 会捕获指定接口上的所有数据，并全部显示，这样会导致在分析这些数据包时，很难找到想要分析的那部分数据包。这时可以借助显示过滤器快速查找数据包。

显示过滤器是基于协议、应用程序、字段名或特有值的过滤器，可以帮助用户在众多的数据包中快速地查找数据包，可以大大减少查找数据包所需的时间。

使用显示过滤器，需要在 Wireshark 的数据包界面中输入显示过滤器并执行，如图 1-9 所示。

图 1-9 中方框标注的部分为显示过滤器区域。用户可以在里面输入显示过滤器，进行数据查找，也可以根据协议过滤数据包。显示过滤器及作用见表 1-5。

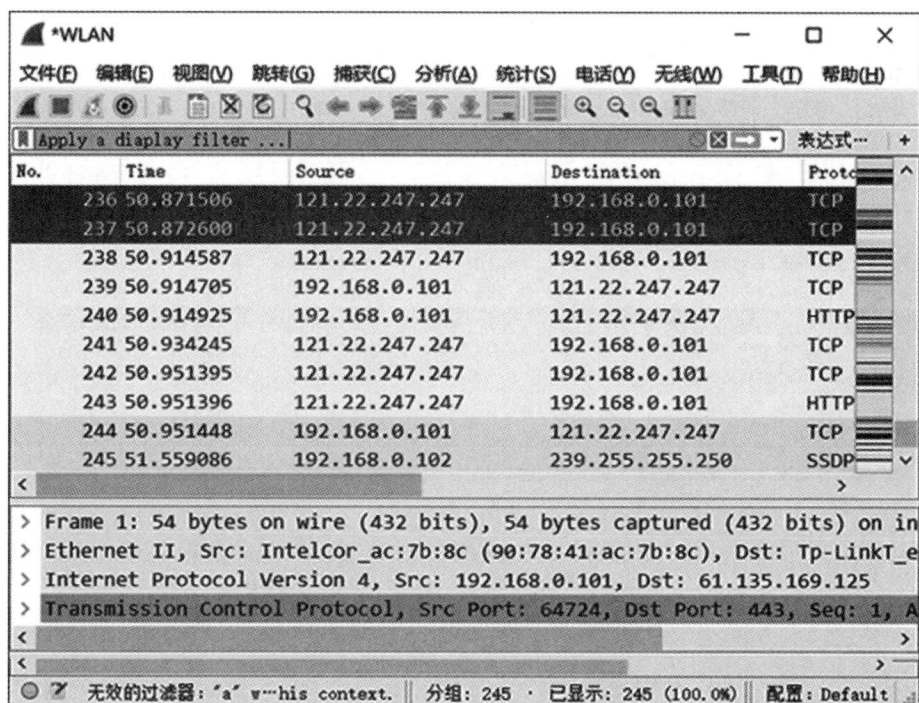

图 1-9　Wireshark 应用显示过滤器

表 1-5　显示过滤器及其作用

| 显示过滤器 | 作用 |
|---|---|
| ARP | 显示所有 ARP 数据包 |
| BOOTP | 显示所有 BOOTP 数据包 |
| DNS | 显示所有 DNS 数据包 |
| FTP | 显示所有 FTP 数据包 |
| HTTP | 显示所有 HTTP 数据包 |
| ICMP | 显示所有 ICMP 数据包 |
| IPV4 | 显示所有 IPV4 数据包 |
| IPV6 | 显示所有 IPV6 数据包 |
| TCP | 显示所有基于 TCP 的数据包 |
| TFTP | 显示所有 TFTP 数据包 |

　　例如，要从捕获到的所有数据包中，过滤出 DNS 协议的数据包，这里使用 DNS 显示过滤器，过滤结果如图 1-10 所示。图 1-10 中显示的所有数据包的协议都是 DNS 协议。

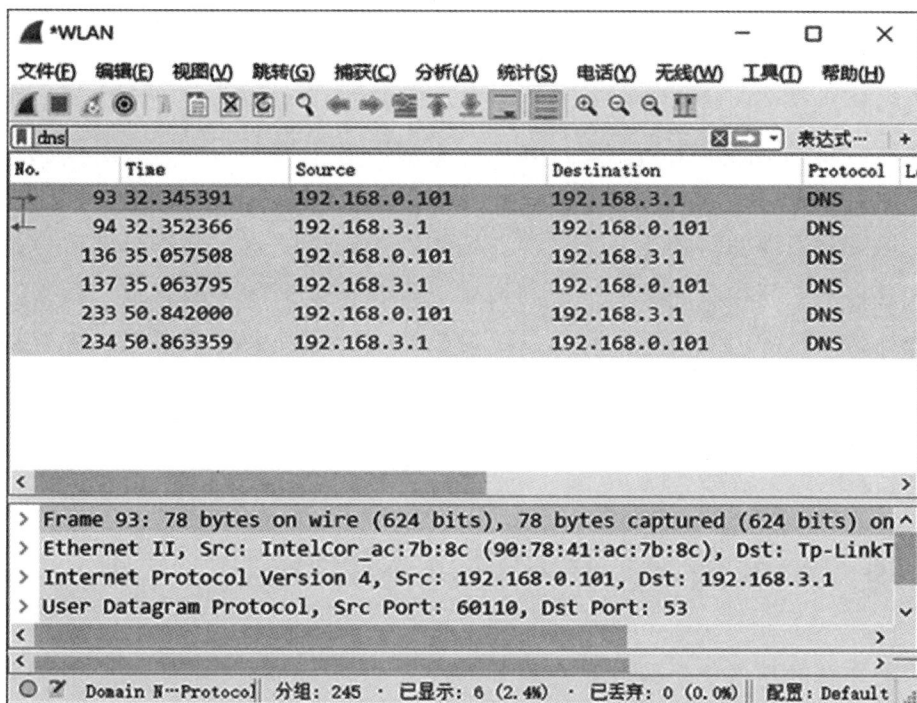

图 1-10　Wireshark 应用 DNS 显示过滤器

# 1.5　课程思政：美国的"棱镜"计划

2013 年 6 月，美国中情局（CIA）前职员爱德华·斯诺登将两份绝密资料交给英国《卫报》和美国《华盛顿邮报》。按照设定的计划，2013 年 6 月 5 日，英国《卫报》先扔出了第一颗舆论炸弹：美国国家安全局有一项代号为"棱镜"的秘密项目，要求电信巨头威瑞森公司必须每天上交数百万用户的通话记录。6 月 6 日，美国《华盛顿邮报》披露，过去 6 年间，美国国家安全局和联邦调查局通过进入微软、谷歌、苹果、雅虎等九大网络巨头的服务器，监控美国公民的电子邮件、聊天记录、视频及照片等秘密资料。美国舆论随之哗然。

根据斯诺登提供的秘密文档，有关人员借助"棱镜"计划，可以通过电脑、智能手机、智能手表等各种互联网设备来实时监听，能够对即时通信和既存资料进行深度监听，比如电子邮件、视频和语音交谈、影片、照片、即时通信交谈内容、档案传输、登入通知，以及社交网络细节，甚至私人电话记录包括对话内容、通话双方的地点，都可以随时查看。

斯诺登持续曝出猛料以及美国国内对监控计划出现越来越多质疑声之际，美国政府 2013 年 7 月 31 日被迫主动解密了与斯诺登泄露的 "棱镜" 网络监控计划及电话监听计划这两大秘密情报监控项目相关的三份文件。

该事件凸显了网络信息安全无比重要，将深刻影响网络时代的国家治理，网络空间的国际规则之争更趋激烈。其一，美国网络霸权无孔不入的严峻现实 "倒逼" 各国更加重视自主维护信息安全，各方纷纷加大投入，包括与 "美式装备" 切割，抓紧软硬件的国产化。其二，各国在维护国家安全、反恐与维护公民隐私权、人身自由之间均不同程度地面临两难，都在摸索兼顾平衡之道。新兴国家尤其面临外防霸权渗透颠覆、内防信息泛滥失控的网络社会双重挑战，维护社会稳定殊为不易。其三，大国网络空间博弈水涨船高，网络全球治理竞争加剧。网络空间既与民众日常生活息息相关，又与国家安全密不可分。

# 1.6 拓展提升：区块链技术的特点

当前，新的技术革新和产业变革不断产生，区块链技术的集成应用正发挥着在数字经济时代越来越重要的作用。习近平总书记强调要把区块链作为核心技术自主创新的重要突破口，做好数字经济发展顶层设计和体制机制建设，着力攻克一批关键核心技术，促进数字技术与实体经济深度融合，加快推动区块链技术和产业创新发展。近几年，区块链技术在司法应用领域内电子证据、产权保护、存证取证、跨链协作、法院执行等方面实现了稳步增长，相应的立法释法工作也在快速推进，区块链技术与司法融合创新发展步伐加快，有力服务了社会经济新型生态的司法支持。

区块链技术简单来讲就是块状链式结构分布式共享数据库应用技术。数据以一组数据块的形式存储，同时数据块按产生时间顺序一起连接到一个链条中；链条被保存在分布于各地的所有定义为节点的服务器里；在分布式节点生成和更新数据，需要通过事先共同达成的协议规则；数据传输和访问的安全性由密码学技术来保证；自动化处理场景可以通过脚本代码组成的智能合约来执行。

区块链技术具有以下典型特点。

## 🔍 1.6.1 去中心化

区块链最突出、最本质的特点是去中心化。区块链采用分布式计算和存储，不受任何中心化的人和实体的控制，任意参与的节点都需 "记账" 和 "复制"，实现平等、自由的数据交换，以透明公开的形式完成数据控制和管理。单个区块链系统中有大量公布在各地的节点服务器，每个节点服务器具有高度自治特征，同时节点服务器之间也可以自由互相连接形成新的区块链。

去中心化带来的应用优势如下。

### 1. 安全性

数据完整地分布存储在若干个节点服务器内，数据存储具有相当大的冗余，轻易不会丢失，但也带来资源的极大消耗。

### 2. 容错性

不再有掌握控制权和决策权的权威中心，不会因某个局部问题而中断工作，系统由分散独立的节点组成，不易破坏。

### 3. 信任交互

区块链采用基于协商一致的规范和协议，无须第三方介入即可大规模点对点直接交互，解决了数据信任问题，将信用数字化。

必须强调的是去中心化不是去掉中心，而是中心多元化。联盟链就是对去中心化很好的调解方式之一。

## 🔍 1.6.2  防篡改性

区块链通过"时间戳"和"哈希值"等成熟的密码学技术来验证信息并上链存储，由于采用分布式存储技术，链上数据极难更改。除非能够同时控制住系统中超过51％的节点，否则单个节点上对数据库的修改是无效的。同时需明确的是信息不可篡改，是指用来描述、记录客观已发生事件的信息，而非主观创造的信息。如犯罪现场取证的照片、医院看病的诊疗记录、物流运输的交通记录，一旦发生则不能修改。

如果发生信息数据错漏，处理此类情况，不能直接对已存在的信息数据进行修改，要根据发生时间先后顺序在原有信息数据之后追加更正信息，确保数据的真实性。

## 🔍 1.6.3  可追溯性

区块链对存储的信息数据通过分布式验证、存储、会计等技术，按时间先后顺序完整记录已发生的所有交互活动，不能进行任何人工修改。任何区块链参与者都可以通过区块链中的某个节点随时跟踪和了解整个过程信息，依据链式结构追本溯源，获得所有完整和真实的信息。

可追溯性解决了信息缺乏透明度的问题，是最具实用价值的特征之一。区块链技术结合物联网技术能实现物品的产出到应用消费全方位、全过程追踪追溯，涵盖质检、物流、管理、应用消费等各环节，确保物品安全、准确、可信。结合大数据技术，在区块链安全审计生态下，可以实现对企业的信用评级、风险预警、违法失信等信息的披露和共享。

## 1.6.4 开放性和匿名性

开放性主要是指除私有信息被加密外，区块链数据对所有人公开，系统高度透明。匿名性是指节点间的数据交换遵循密码学的安全特性，参与者无须公开身份，只有拥有私钥的人才能查到相关信息，安全性更有保证。

**思考题**

(1) 信息安全技术体系架构包括哪几个层面的内容？

(2) 信息安全要素的理解重点应把握哪些方面？

(3)《计算机信息系统安全保护等级划分准则》（GB 17859—1999）将计算机信息系统安全保护等级划分为五个级别，分别是哪些？

(4) 信息安全在防御网络黑客攻击时，可以采取哪些有效的技术措施和手段？

(5) 针对无线和移动设备攻击，从基本认识上应该了解哪些知识和技术要点？

# 物理安全管控

## 2.1 项目导入

中心机房、网络中心、监控中心等在相对较狭小的区域部署了大量的信息化设施和设备，同时受地理和气候环境等的影响，信息化设施和设备的物理安全管控风险也相应扩大。信息网络要求运行在稳定的环境条件下，是信息系统安全的基础，是信息安全的最基本的保障，也是信息安全系统稳定性、可靠性、持续性的必要组成部分。

物理安全管控重点需要了解两个部分内容，即环境安全和设备安全。环境安全需重点关注系统所在环境的安全保障，主要包括信息化设施和设备所在建筑场地基础设施方面的条件要求，如地理地势、场地的防火、防水、湿度、温度、干燥程度（静电）、防雷、电磁干扰、线路布设情况等；设备安全重点关注设备自身稳定工作的状态，如安全防盗、电磁屏蔽、防电磁泄漏、电压稳压、断电保护等。

## 2.2 能力目标和要求

信息安全管理工作中，保障物理运行环境中的设施和设备的安全，是信息安全最基本的管控工作要求，保障设施和设备安全稳定可靠运行，物理安全是基础中的基础。

学习完本项目，应达到以下能力目标和要求。

（1）掌握物理安全的基本范畴。

（2）了解和掌握物理安全涉及的各方面的内容和管控措施。

（3）了解和掌握物理安全面临的威胁的起因和内在分析。

（4）了解物理安全管控的主要分类。

（5）了解常见的物理安全管控策略和技术。

（6）掌握物理安全基本处置措施流程。

# 2.3 知识概念

## 2.3.1 物理安全概述

### 2.3.1.1 物理安全定义

物理安全又称实体安全，是保护计算机设备、设施（网络及通信线路）免遭地震、水灾、火灾、有害气体和其他环境事故（如电磁污染等）破坏的措施和过程。

物理安全主要考虑的问题是环境、场地和设备的安全及实体访问控制和应急处理计划等。保证计算机及网络系统机房的安全，以及保证所有组成信息系统的设备、场地、环境及通信线路的物理安全，是整个计算机信息系统安全的前提。如果物理安全得不到保证，整个计算机信息系统的安全也就不可能实现。

设备安全技术主要是指保障构成信息网络的各种设备、网络线路、供电连接、各种媒体数据本身以及其存储介质等安全的技术，主要包括设备防盗、防电磁泄漏、防电磁干扰等，是对可用性的要求。物理环境安全是物理安全的最基本保障，是整个安全系统不可缺少和不可忽视的组成部分。环境安全技术主要是指保障信息网络所处环境安全的技术。

物理安全主要是保护一些比较重要的设备不被接触。物理安全方面的威胁比较难防，因为攻击者往往来自能够接触到物理设备的用户。

### 2.3.1.2 物理安全技术定义

物理安全技术主要是指对计算机及网络系统的环境、场地、设备和通信线路等采取的安全措施。物理安全技术实施的目的是保护计算机、网络服务器、打印机等硬件实体和通信设施免受自然灾害、人为失误、犯罪行为的破坏，确保系统有一个良好的电磁兼容工作环境，建立完备的安全管理制度，防止非法进入计算机工作环境及各种偷窃、破坏活动的发生。

### 2.3.1.3　影响物理安全的主要因素

（1）计算机及其网络系统自身存在的脆弱性因素。

（2）各种自然灾害导致的安全问题。

（3）由于人为的错误操作及各种计算机犯罪导致的安全问题。

### 2.3.1.4　物理安全的内容

物理安全包括环境安全（场地安全）、设备安全、媒体安全（介质安全）。

#### 1. 环境安全（场地安全）

为保证信息系统的安全可靠运行所提供的安全运行环境，使信息系统得到物理上的严密保护，从而降低或避免各种安全风险。计算机网络通信系统的运行环境应按照国家有关标准设计实施，应具备消防报警、安全照明、不间断供电、温湿度控制和防盗报警系统，以保护系统免受水、火、有害气体、地震、静电的危害。

#### 2. 设备安全

为保证信息系统的安全可靠运行，降低或阻止人为或自然因素对硬件设备安全可靠运行带来的安全风险，对硬件设备及部件采取适当的安全措施。要保证硬件设备随时处于良好的工作状态，建立健全使用管理规章制度，建立设备运行日志。

#### 3. 媒体安全（介质安全）

媒体安全（介质安全）包括电源安全和通信线路安全。电源是所有电子设备正常工作的能量源泉，在信息系统中占有重要地位。电源安全主要包括电力能源供应、输电线路安全、保持电源的稳定性等。通信设备和通信线路的安装要稳固牢靠，具有一定的对抗自然因素和人为因素破坏的能力，包括防止电磁信息泄露、线路截获，以及抗电磁干扰。同时要注意保护存储介质的安全性，包括存储介质自身和数据的安全。存储介质本身的安全主要是安全保管、防盗、防毁和防霉。数据安全主要是防止数据被非法复制和非法销毁。

### 2.3.1.5　物理安全标准

以《计算机信息系统安全保护等级划分准则》（GB 17859—1999）对于五个安

全等级的划分为基础，依据《信息安全技术 信息系统 安全通用技术要求》（GB/T 20271—2006）五个安全等级保护级别中对于物理安全技术的不同要求，结合当前我国计算机、网络和信息安全技术发展的具体情况，根据适度保护的原则，将物理安全技术等级分为以下五个不同级别。

第一级：用户自主保护级，提供基本的物理安全保护。

第二级：系统审计保护级，提供适当的物理安全保护。

第三级：安全标记保护级，提供较高程度的物理安全保护。

第四级：结构化保护级，提供更高程度的物理安全保护。

第五级：因第五级物理安全技术要求涉及最高程度物理安全技术，标准略去相关内容。

## 2.3.2 物理安全的分类

从传统的分类角度来看，物理安全分为狭义物理安全和广义物理安全。狭义物理安全即传统意义上的物理安全，包括设备安全、环境安全/设施安全以及介质安全。广义物理安全还应包括由软件、硬件、操作人员组成的整体信息系统的物理安全，即包括系统物理安全。

### 1. 从威胁的来源看，可分为内部威胁和外部威胁

造成网络安全威胁的原因可能是多方面的，可能来自外部，也可能来自企业网络内部。

#### 1）内部威胁

80%的计算机犯罪都和系统安全遭受损害的内部攻击有密切的关系。内部人员对机构的运作、结构熟悉，导致攻击不易被发觉。内部人员最容易接触敏感信息，危害的往往是机构最核心的数据、资源等。各机构的信息安全保护措施一般是"防外不防内"。能用来防止内部威胁的保护方法包括：对工作人员进行仔细审查；制定完善的安全策略；增强访问控制系统；进行审计跟踪，以提高检测出这种攻击的可能性。

#### 2）外部威胁

外部威胁的实施也称远程攻击。远程攻击可以使用的办法有：搭线；截取辐射；冒充为系统的授权用户，或冒充为系统的组成部分；为鉴别或访问控制机制设置旁路；利用系统漏洞进行攻击，等等。

2. 从造成的结果看，可分成主动威胁和被动威胁

1）被动威胁

被动威胁对信息进行非授权泄露而未改变系统状态，如信息窃取、密码破译、信息流量分析等。被动威胁的实现不会导致对系统中所含信息的任何篡改，而且系统的操作与状态也不受改变，但有的信息可能被盗窃并被用于非法目的。使用消极的搭线窃听办法以观察在通信线路上传送的信息，就是被动威胁的一种实现。

2）主动威胁

主动威胁是对系统的状态进行故意的非授权的改变。对系统的主动威胁涉及系统中所含信息的篡改，或对系统的状态或操作的改变。一个非授权的用户不怀好意地改动路由选择表就是主动威胁的一个例子。与安全有关的主动威胁的例子可能是入侵、篡改消息、重发消息、插入伪消息、重放、阻塞、抵赖、病毒、冒充已授权实体以及服务拒绝等。主动攻击会直接进入信息系统内部，往往可影响系统的运行、造成较大损失，并给信息网络带来灾难性后果。

3. 从威胁的动机看，可分为偶发性威胁与故意性威胁

1）偶发性威胁

偶发性威胁是指那些不带预谋企图的威胁。偶发性威胁的实例包括自然灾害、系统故障，操作失误和软件出错。人为的无意失误包括：操作员安全配置不当造成的安全漏洞，用户安全意识不强，用户口令选择不慎，用户将自己的账号随意转借他人或与别人共享等。

2）故意性威胁

故意性威胁是指对计算机系统的有意图、有目的威胁。范围可从使用易行的监视工具进行随意的检测到使用特别的系统知识进行精心的攻击。一种故意威胁如果实现即可认为是一种"攻击"。人为的恶意攻击是计算机网络所面临的最大威胁，敌手的攻击和计算机犯罪就属于这一类。此类攻击又可分为以下两种：一种是主动攻击，它以各种方式有选择地破坏信息的有效性和完整性；另一种是被动攻击，它是在不影响网络正常工作的情况下，进行截获、窃取、破译以获得重要机密信息。这两种攻击均可对计算机网络造成极大的危害，并导致机密数据的泄露。由于网络软件不可能百分之百无缺陷和无漏洞，这些缺陷和漏洞恰恰是攻击者进行攻击的主要目标。

## 2.3.3 场地安全的管控

场地安全是计算机物理安全的基础，常常较容易被忽视。在网络架构中，计算机机房是整个计算机网络的核心，为了有效、合理地对计算机机房进行保护，应对计算机机房划分出不同的安全等级。计算机机房的安全等级可分为 A 级、B 级、C 级。

A 级为最高级，对计算机机房的安全有严格的要求，有完善的计算机机房安全措施。主要指涉及国计民生的机房设计。其电子信息系统运行中断将造成重大的经济损或公共场所秩序严重混乱。如国家气象台，国家级信息中心、计算中心，重要的军事指挥部门，大中城市的机场、广播电台、电视台、应急指挥中心，银行总行等，属于 A 级机房。

B 级机房为电子信息系统运行中断将造成一定的社会秩序混乱和一定的经济损失的机房，对计算机机房的安全有较严格的要求，有较完善的计算机机房安全措施。科研院所，高等院校，三级医院，大中城市的气象台、信息中心、疾病预防与控制中心、电力调度中心、交通（铁路、公路、水运）指挥调度中心，国际会议中心，国际体育比赛场馆，省部级以上政府办公楼等，属于 B 级机房。

C 级对计算机机房的安全有基本的要求，有基本的计算机机房安全措施。

在实际应用中，可根据使用的具体情况进行机房等级的设置，同一机房也可以对不同的设备（如电源、主机）设置不同的级别。

### 1. 机房场地选址

计算机场地应符合国家标准《电子计算机机房设计规范》、《计算站场地技术条件》和《计算站场地安全要求》等的规定。

在场地建设的选择上应考虑以下方面。

（1）避开易发生火灾和爆炸的地区，如油库、加油站和其他易燃物附近的区域。因为这些区域火灾、爆炸发生的潜在风险比较大。

（2）避开尘埃、有毒气体、腐蚀性气体、烟雾腐蚀等环境污染的区域，如大型化工厂、加工厂附近。因为电子设备中有很多金属，容易被腐蚀。

（3）避免低洼、潮湿及落雷区域。低洼、潮湿区域，往往湿度比较大，对电子设备的导电性能有比较大的影响，严重的容易造成短路等情况。

（4）避开强震动源和强噪声源区域。太强的震动源会导致电子设备的连接脱落，损坏设备等结果；而强噪声源会对工作人员的生理和心理健康带来危害，不能长期在这种环境下工作。

（5）避开附近有强电场和强磁场区域，这些区域容易发生电磁干扰等现象，影响设备正常使用。

（6）避开地震活跃地带或者洪涝灾害常发的区域。这种自然灾害带来的破坏往往是毁灭性的。

（7）避开建筑物的高层以及用水设备的下层或隔壁。防止用水设备意外损坏、发生渗水等情况。

（8）避免靠近公共区域，如运输邮件通道、停车场或餐厅等。因为公共区域人来人往比较多，人员构成复杂，容易发生一些意外状况。

### 2. 场地防火

计算机机房的耐火等级应符合现行国家标准《高层民用建筑设计防火规范》、《建筑设计防火规范》和《计算站场地安全要求》的规定。

机房的耐火等级应不低于二级。场地防火主要包括建筑材料防火、防火隔离、报警系统、灭火系统、粉尘含量等。

### 3. 场地防水、防潮

信息网络所使用的电子设备，当湿度超过一定标准后，可能会造成电子设备生锈短路而无法使用，合适状态是将场地湿度控制在湿度 40%～65%。具体可参照《计算机信息系统安全等级保护通用技术要求》的规定。

### 4. 场地温度控制

信息系统场地温度过高有可能引起局部短路或者燃烧，所以，应有相对的温度控制系统，最好是完备的中央空调系统，保证机房各个区域的温度变化能满足计算机运行、人员活动和其他辅助设备的要求。

### 5. 场地电源供应

（1）信息网络的供电线路应该和动力、照明用电分开，最好配备照明应急装置；

（2）特殊设备独占专有回路；

（3）提供备份电路，以保证在电源出现故障时系统仍然能运转；

（4）设置电源保护装置，如滤波器、电压调整变压器、避雷针和浪涌滤波器等；

（5）防止电源线干扰引起的设备突然失效事件；

（6）物理安全电缆布放距离尽量短而整齐；

（7）提供紧急情况供电，配置抵抗电压不足的设备，包括基本的 UPS、改进的 UPS、多级 UPS 和应急电源（发电机组）等。

## 2.3.4 场地运行环境的安全管控

安全保卫技术是运行环境安全技术的重要一环，主要的安全技术措施包括防盗报警、实时监控、安全门禁等。

### 2.3.4.1 防盗

计算机也是偷窃者的目标，计算机偷窃行为所造成的损失可能远远超过计算机本身的价值。

#### 1. 安全保护设备

安全保护设备主要包括有源红外报警器、无源红外报警器和微波报警器等。

计算机系统是否安装报警系统，安装什么样的报警系统，要根据系统的安全等级及计算机中心信息与设备的重要性来确定。

#### 2. 防盗技术

在计算机系统和外部设备上加无法去除的标识。

使用一种防盗接线板，一旦有人拔电源插头，就会报警。

可以利用火灾报警系统，增加防盗报警功能。

利用闭路电视系统对计算机中心的各部位进行监视保护等。

### 2.3.4.2 防火

#### 1. 火灾因素

火灾多由电气原因（电线破损、电气短路）、人为因素（抽烟、放火、接线错误）或外部火灾蔓延引起。

#### 2. 防火步骤

火灾预防：减少火灾起因。

火灾检测：在火灾发生前，接受火灾警报。

灭火：将火灾带来的损失降低到最小。

### 3. 计算机机房的主要防火措施

消除火灾隐患（机房选址、建筑物的耐火等级、机房建筑材料）。

设置火灾报警系统。

配置灭火设备。

加强防火管理和操作规范（严禁存放易燃易爆物品、禁止吸烟）。

### 2.3.4.3　防静电

#### 1. 静电产生

原理：接触→电荷→转移→偶电层形成→电荷分离。

静电是一种电能，具有高电位、低电量、小电流和作用时间短的特点。

静电放电产生静电火花，还能使大规模集成电路损坏，这种损坏可能是不知不觉造成的。

#### 2. 静电防范

静电防范的基本原则是"抑制或减少静电荷的产生，严格控制静电源"。

雷电防范的主要措施是，根据电气及微电子设备的不同功能及不同受保护程度和所属保护层来确定防护要点，做分类保护。

常见的防范措施主要有以下几种。

接闪：让闪电能量按照人们设计的通道泄放入大地。

接地：让已经纳入防雷系统的闪电能量泄放入大地。

分流：一切从室外来的导线与接地线之间并联一种适当的避雷器，将闪电电流分流入地。

屏蔽：屏蔽就是用金属网、箔、壳、管等导体把需要保护的对象包围起来，阻隔闪电的脉冲电磁场从空间入侵的通道。

### 2.3.4.4　防水

设备本身需要具有一定的防潮能力。一种情况是一些电子设备在出厂前就由厂家进行过专门的防潮处理，能够在较高的湿度环境下工作；另一种情况是在设备无法变动的情况下，针对设备的专门防护，如在设备周围加干燥剂或者干燥机，或者使用专门的防潮机柜等。

（1）应采取措施防止雨水通过机房窗户、屋顶和墙壁渗透；

（2）应采取措施防止机房内水蒸气结露和地下积水的转移与渗透；

（3）应安装对水敏感的检测仪表或元件，对机房进行防水检测和报警。

### 2.3.4.5　防电磁干扰

电磁干扰是指一切与有用信号无关的、不希望有的或对电器及电子设备产生不良影响的电磁发射。

#### 1. 电磁干扰的途径和危害

辐射泄漏：以电磁波的形式辐射出去。由计算机内部的各种传输线、印刷线路板产生。电磁波的发射借助上述起天线作用的传输来实现。

传导泄漏：通过各种线路和金属管传导出去。例如，电源线，机房内的电话线，上、下水管道和暖气管道，以及地线等媒介。金属导体有时也起着天线作用，将传导的信号辐射出去。

危害：使各系统设备相互干扰，降低设备性能；造成信息暴露。

典型信息暴露案例：1985年，在法国召开的一次国际计算机安全会议上，年轻的荷兰人范·艾克用价值仅几百美元的器件对普通电视机进行改造，然后安装在汽车里，这样就从楼下的街道上，接收到了放置在8层楼上的计算机电磁波的信息，并显示出计算机屏幕上的图像。

#### 2. 防电磁干扰的基本思想

一是抑制电磁发射，采取各种措施减少"红区"电路电磁发射。

二是屏蔽隔离，在周围利用各种屏蔽材料使红信号电磁发射场衰减到足够小，使其不易被接收，甚至接收不到。

三是相关干扰，采取各种措施使相关电磁发射泄漏即使被接收到也无法识别。

一般的干扰抑制方法有以下几种：

（1）加入滤波器；

（2）采用带屏蔽层的变压器；

（3）压敏电阻、气体放电管、瞬态电压抑制器、固体放电管等吸波器件；

（4）电路制作工艺。

#### 3. 线路安全

为了防止电磁干扰，电力线不能与网络线同槽铺设；广域网线不能与局域网线同槽架设；有条件的情况下，网线安装与墙壁应留有一定距离；在线路外安装屏蔽槽进行保护。

#### 2.3.4.6　防窃听

窃听是指通过非法的手段获取未经授权的信息。

**1. 窃听技术**

窃听技术是窃听行动所使用的窃听设备和窃听方法的总称。

**2. 防窃听技术**

检测主要指主动检查是否存在窃听器，可以采用电缆加压技术、电磁辐射检测技术以及激光探测技术等。

防御主要是采用基于密码编码技术对原始信息进行加密处理，确保信息即使被截获也无法还原出原始信息。另外，电磁信号屏蔽也属于窃听防御技术。

#### 2.3.4.7　云计算的物理和环境安全要求

（1）确保云计算、承载云租户账户信息、鉴别信息、系统信息及运行关键业务和数据的物理设备均位于中国境内；

（2）IDC 应具有国家相关部门颁发的 IDC 运营资质。

#### 2.3.4.8　移动互联的物理和环境安全要求

应为无线接入设备的安装选择合理位置，避免过度覆盖。

### 🔍 2.3.5　设备安全的管控

#### 2.3.5.1　设备基本安全管控

为保证信息系统的安全可靠运行，降低或阻止人为或自然因素对硬件设备安全可靠运行带来的安全风险，对硬件设备及部件采取适当的安全措施。

设备安全包括防盗、防毁坏，防水，防静电，防电磁泄漏和干扰，以及介质安全。这里的设备指物联网系统中的物理设备或子系统，不是指小的元器件，而是指由集成电路、晶体管、电子管等电子元器件组成，应用电子技术，通过软件发挥作用的设备等。

物联网设备的安全，主要是设备被盗、设备被干扰、设备不能工作、人为损坏、设备过时等问题。

## 1. 干扰

### 1) 干扰的定义

干扰是指对系统的正常工作产生不良影响的内部或外部因素。从广义上讲，机电一体化系统的干扰因素包括电磁干扰、温度干扰、湿度干扰、声波干扰和振动干扰等。

### 2) 形成干扰的三大要素

干扰的形成包括三个要素：干扰源、传播途径和接受载体。三个要素缺少任何一项，干扰都不会产生。

### 3) 电磁干扰的种类

按干扰的耦合模式分类，电磁干扰包括下列类型：① 静电干扰；② 磁场耦合干扰；③ 漏电耦合干扰；④ 共阻抗干扰；⑤ 电磁辐射干扰。

### 4) 干扰存在的形式

在电路中，干扰信号通常以串模干扰和共模干扰形式与有用信号一同传输。

### 5) 抗干扰措施

（1）屏蔽：利用导电或导磁材料制成的盒状或壳状屏蔽体，将干扰源或干扰对象包围起来从而割断或削弱干扰场的空间耦合通道，阻止其电磁能量的传输。按需屏蔽的干扰场性质不同，可分为电场屏蔽、磁场屏蔽和电磁场屏蔽。

（2）隔离：把干扰源与接收系统隔离开来，使有用信号正常传输，而干扰耦合通道被切断，达到抑制干扰的目的。常见的隔离方法有光电隔离、变压器隔离和继电器隔离。

（3）滤波：当接收器接收有用信号时，也会接收到那些不希望有的干扰。滤波方法只让所需要的频率成分通过，而将干扰频率成分加以抑制。

（4）接地：将电路、设备机壳等与作为零电位的一个公共参考点（大地）实现低阻抗的连接，避免数据存储的安全风险。

（5）软件抗干扰：① 软件滤波；② 软件"陷阱"；③ 软件"看门狗"。

## 2. 线路安全

线路物理安全指为保证信息系统的安全可靠运行，降低或阻止人为或自然因素对通信线路的安全可靠运行带来的安全风险，对线路所采取的适当安全措施。

线路的物理安全可按不同的方法分类。比如，可以分为自然安全威胁和人为安全威胁，也可以分为线路端和线路间的安全威胁，还可以分为不同破坏程度的安全威胁。

线路的物理安全风险主要有：地震、水灾、火灾等自然环境事故带来的威胁；线路被盗、被毁、电磁干扰、线路信息被截获、电源故障等人为操作失误或错误。

通信线路的物理安全是网络系统安全的前提。由于通信线路属于弱电，耐压值很低。因此，在其设计和施工中，必须优先考虑保护线路和端口设备不受水灾、火灾、强电流、雷击的侵害。必须建设防雷系统。防雷系统不仅要考虑建筑物防雷，还要考虑计算机及其他弱电耐压设备的防雷。在布线时，要考虑可能的火灾隐患，线路要铺设到一般人触摸不到的高度，而且要加装外保护盒或线槽，避免线路信息被窃听。要与照明电线、动力电线、暖气管道及冷热空气管道之间保持一定距离，避免被伤害或被电磁干扰。充分考虑线路的绝缘，线路的接地与焊接的安全。线路端的接口部分，要加强外部保护，避免信息泄露或线路损坏。

### 2.3.5.2　设备物理隔离安全管控

保障物理安全最有效的解决方案是物理隔离。

#### 1. 物理隔离

对物理隔离的理解表现在以下几个方面：阻断网络的直接连接、逻辑连接；隔离设备的传输机制具有不可编程的特性，任何数据都是通过两级移动代理的方式来完成，两级移动代理之间是物理隔离的；隔离设备具有审查的功能；隔离设备传输的原始数据，不具有攻击性或对网络安全有害的特性。

#### 2. 物理隔离与逻辑隔离

物理隔离的理念是不安全就不联网，要绝对保证安全。物理隔离部件的安全功能应保证被隔离的计算机资源不能被访问，计算机数据不能被重用（至少应包括内存）。

逻辑隔离的理念是在保证网络正常使用的前提下尽可能安全，逻辑隔离部件的安全功能应保证被隔离的计算机资源不能被访问，只能进行隔离器内外的原始应用数据交换。

#### 3. 物理隔离的基本形式

内外网络无连接，内网与外网之间任何时刻均不存在连接，是最安全的物理隔离形式。

客户端物理隔离，采用隔离卡使一台计算机既连接内网又连接外网，可以在不同网络上分时地工作，在保证内外网络隔离的同时节省资源、方便工作。

网络设备端的物理隔离常常要与客户端的物理隔离相结合，它可以使客户端通过一条网线由远端切换器连接双网，实现一台工作站连接两个网络的目的。

服务器端物理隔离，实现在服务器端的数据过滤和传输，使内外网之间同一时刻没有连线，能快速、分时地传递数据

### 2.3.5.3 数据存储介质的安全

**1. 数据安全威胁**

威胁数据安全的因素有很多，主要有以下几种：

（1）硬盘驱动器损坏；

（2）光盘损坏；

（3）U盘损坏；

（4）信息窃取；

（5）自然灾害；

（6）电源故障；

（7）磁干扰。

**2. 数据安全防护**

信息存储操作在生活和工作中越来越多，也越来越重要。为防止电子设备中的数据意外丢失，一般采用许多重要的安全防护技术来确保数据的安全。常用的数据安全防护技术有以下几种：

（1）磁盘阵列；

（2）数据备份；

（3）双机容错；

（4）网络存储技术；

（5）数据迁移；

（6）异地容灾；

（7）存储区域网络。

**3. 数据安全的核心技术**

1）数据恢复

数据恢复只是一种技术手段，是将保存在计算机、笔记本、服务器、存储磁

带库、移动硬盘、U 盘、数码存储卡、Mp3 等设备上丢失的数据进行抢救和恢复的技术。具体方法如下。

（1）硬件故障的数据恢复，首先是诊断，找到问题点，修复相应的硬件故障，然后进行数据恢复。

（2）磁盘阵列 RAID 数据恢复，首先是排除硬件故障，然后分析阵列顺序、块大小等参数，用阵列卡或阵列软件重组，按常规方法恢复数据。

（3）U 盘数据恢复。

灾难恢复则是一套完整的数据恢复的系统方案。数据备份有多种方式，以磁带机为例，有全备份、增量备份、差分备份等。

2）数据备份

（1）数据丢失的问题。

数据安全已经成为现实而严峻的问题。如何有效保护信息系统里存储的信息，是人们必须面对的一个新问题。

（2）数据备份的概念。

数据备份就是将数据以某种方式加以保留，以便在系统遭受破坏或其他特定情况下重新加以利用的一个过程。

（3）数据存储管理。

在分布式网络环境下，通过专业的数据存储管理软件，结合相应的硬件和存储设备，对全网络的数据备份进行集中管理，从而实现自动化的备份、文件归档、数据分级存储以及灾难恢复等。

（4）数据备份方案。

① 全备份；

② 增量备份；

③ 差分备份。

3）数据擦除

近年来，企事业单位在享受数据中心带来的巨大生产力的同时，其内在的数据中心安全漏洞也让人担忧，越来越多的企事业单位投入大量资金着手数据中心安全建设。数据泄密事件的频繁发生更让企业数据中心安全笼罩在阴影中，而对涉密数据进行硬盘数据擦除，以达到硬盘数据销毁，成为当下保障数据中心安全的有效方式之一。

硬盘数据擦除技术旨在通过相关的硬盘数据擦除技术及硬盘数据擦除工具，将硬盘上的数据彻底删除，使之无法恢复。

另外，目前市面上已经出现了很多复制、擦除、检测一体机品牌产品，它们可以快速擦除硬盘上的数据。

# 2.4 项目实施

## 🔍 任务 2-1 电磁干扰的故障及解决

**任务描述**

小李在某单位监控中心工作，负责视频监控设备的日常维护和保养工作。某天小李发现监控设备不间断频闪，视频信号传输有不稳定的现象。

小李决定采用排查法来查明故障原因。

**任务实施**

（1）切换不同摄像头影像，故障仍然存在。排除摄像头和摄像传输故障。

（2）部分关停显示器，故障仍然存在。排除显示器故障。

（3）切换电源到备用电源，关停 UPS 稳压电源，故障消失。

（4）基本确认是稳压电源电磁干扰故障。

（5）经检查稳压电源设备的接地存在问题和未采用屏蔽电缆，形成电磁干扰。

（6）解决方案：完成接地改造，采用屏蔽电缆，使电源和显示器保持一定距离。

## 🔍 任务 2-2 U 盘逻辑错误的软件修复

**任务描述**

小刘在某单位办公室工作，在使用 U 盘进行数据备份时，未按正常程序操作，直接拔出 U 盘。换到另一台计算机准备读取数据时，发现 U 盘无法读取。

经检查发现 U 盘发生逻辑错误，尚能修复，通过操作保证仍能实施正常的存取功能。

**任务实施**

（1）检测 U 盘。可以通过 ChipGenius 软件检查 U 盘的主控芯片，了解 U 盘的基本生产信息（见图 2-1）（直接恢复信息数据需要更专业的软件）。

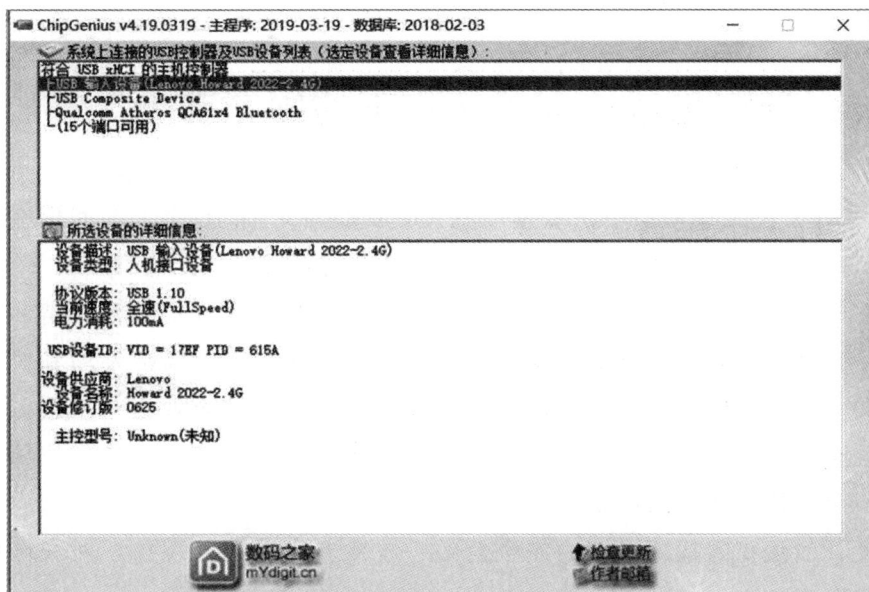

**图 2-1　U 盘的基本信息**

（2）启动检测软件，插入故障 U 盘，系统进行 U 盘自检（见图 2-2）。

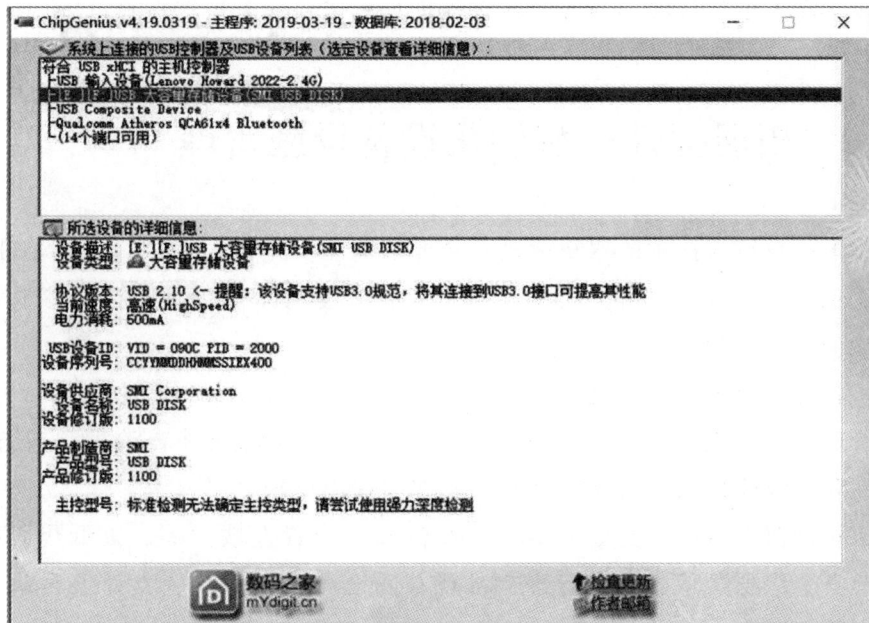

**图 2-2　U 盘自检**

（3）根据设备供应商、设备名称、设备版本号确定需下载的 U 盘量产工具进行修复。

（4）通过量产工具只能修复 U 盘的存储功能，不能恢复损坏的数据。如需修复数据还需要更加专业的工具和知识技能。

## 2.5　课程思政：间谍环绕下的国家安全

《新京报》网站曾援引一份法新社的统计数据称，有 10 多万名间谍在中国从事各种活动。特别是在意识形态领域，敌对势力的渗透更是无孔不入。

很多间谍以旅游之名，在祖国大好河山进行测量测绘，把地理形势、气候状况、通行线路、资源保障全部记录回传给母国，为遏制我国经济发展和民生改善制造障碍。某制药集团被视作某国在中国投资的最大制药企业之一，也派出间谍刺探我国企业发展规划、产业突破方向、技术研发进度，极大干扰了我国自主知识产权、自主技术技能的研发与突破。

因此，加强我国基础设施的安全管控、技术专利的严密保护，对我国国防安全具有重要意义。

对原生技术的研发与保护更是重中之重。只有把卡脖子技术、关键发展技术、核心高新技术牢牢掌握在自己手中，才能在百年未有之大变局中掌握主动，才能运筹帷幄，在人事、科技、商业、教育中把核心竞争能力把握在自己手中。

## 2.6　拓展提升：智能化设备设施管理

随着国家政策与技术的双重驱动，企业当前的安全管理需求，从标准化管理，逐步发展到智能、可视、可分析的全程数字化安全管理，落地风险分级管控、隐患排查治理的双重预防机制。

在《企业安全生产标准化基本规范》（GB/T 33000—2016）中，从目标职责、制度化管理、教育培训、现场管理、安全风险管控及隐患排查治理、应急管理、事故查处和持续改进八个方面对生产经营单位提出要求。

数字化运营平台通过集成其他业务软件和安全管理软件等，以低代码技术为企业构建安全信息共享、安全管理标准化、安全流程规范化、支撑安全决策的数字化安全管理平台。

结合企业需求和国家标准，覆盖八个标准化管理，包括目标职责、制度化管理、教育培训、双控预防体系、现场管理、应急管理、事故管理、绩效考核等（见图2-3），协助企业解决多个安全管理场景的数字化转型需求。

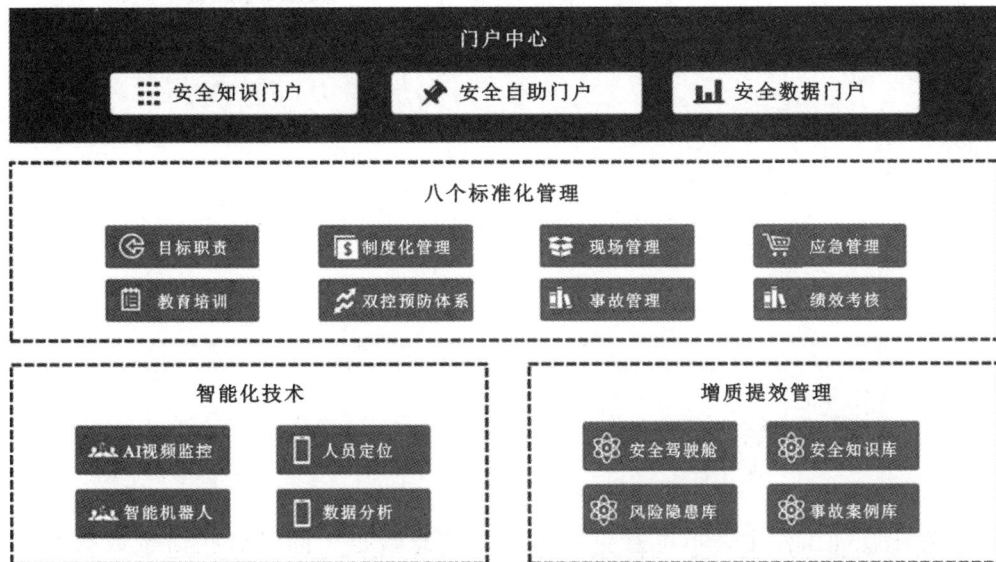

**图 2-3　八个标准化管理**

利用标准流程的联动性、数据承载、自动化审批、自定义构建等能力驱动组织安全作业申请、审批、实施、完工、验收的闭环管理，作业全程可视、可追溯。

从而满足企业安全要求逐步提高、安全作业标准细化、安全知识再利用，安全决策分析等需求。

**思考题**

（1）物理安全管理包括哪些重要内容和重要风险点？

（2）根据物理安全的分类知识，简要分析从威胁来源来看，存在哪些安全风险点。

（3）在场地运行环境方面，网络中心机房要注意哪些问题？

（4）在保证设备安全的过程中，在日常数据传递和存储中，应该注意哪些重点问题？

（5）在信息应用过程中，如何保障无线设备的使用安全？

# 基础信息安全管控

## 3.1 项目导入

信息化管理工作中，不可避免产生大量信息数据，同时这些信息数据都或多或少带有保密性质，基础信息数据的安全至关重要。

在保障基础信息数据安全的技术和措施上，采取的也是传统信息安全的相应技术手段。为保证数据信息在损失和遗失后能快速还原，采用数据备份技术；为加强数据信息的授权访问控制，采用严格的密码策略和密码安全；为加强数据信息数据的安全管理和使用，采取校验技术、加密技术、安全证书系统等。

保证基础信息安全，加强基础信息安全管控，是实现所有信息应用与管理层面安全的重要基础。如果基础信息安全不能得到保障，其他层面安全措施做得再全面也会百密一疏。

## 3.2 能力目标和要求

信息化工作每一个成员都要树立基础信息安全意识，在掌握和应用一手信息数据的同时，也要充分利用基础信息安全技术和知识对信息数据进行有效保护，从信息数据产生源头开始就加强信息数据安全管控工作。

学习完本项目，应达到以下能力目标和要求。

（1）了解和掌握基础信息安全的数据备份策略和技术。

（2）了解和掌握基础信息安全中关于用户类型及强化访问控制采取的密码策略和要求。

（3）了解和掌握基础信息安全的文件完整性知识和校验技术。

（4）了解和掌握基础信息安全的数字签名和安全证书知识。

（5）了解和掌握基础信息安全的文件和数据加密处理技术。

# 3.3 知识概念

## 3.3.1 数据备份

备份就是将某种物质以某种方式加以保留，以便在系统遭到破坏或其他特定情况下，重新加以利用的一个过程。本节从数据安全备份的概念、数据备份的类型与策略、数据备份技术三个方面来了解。

### 3.3.1.1 数据安全备份的概念

数据安全备份可以有两层理解：数据安全和数据备份。

#### 1. 数据安全

数据安全具有两层意思：一是逻辑上的安全，包括文档保护和数据删除安全两个方面。比如防止病毒的破坏、黑客入侵等，需要系统的安全维护；二是物理上的安全，是数据安全的一个重要环节，其含义是指用于存储和保存数据的机器、磁盘等设备的安全。比如人为的错误和不可抗拒的灾难，需要数据存储备份/容灾等手段的保护。前者需要系统的安全防护，后者需要数据存储备份/容灾等手段的保护。

#### 2. 数据备份

数据备份是容灾的基础，是指为防止系统出现操作失误或系统故障导致数据丢失，而将全部或部分数据集合从应用主机的硬盘或阵列复制到其他的存储介质的过程。传统的数据备份主要是采用内置或外置的磁带机进行冷备份。随着技术发展和数据增加，不少企业开始采用网络备份。

数据备份是恢复数据的最好手段，是维护数据安全的一种有效措施。

#### 3. 数据安全事故案例

1988年轰动全球的CHI病毒事件导致两千多万块硬盘遭遇数据丢失灾难，经济损失远超280亿美元；21世纪初狙击波病毒来袭，又有诸多硬盘丢失重要数据，仅仅欧美地区的直接损失就超过 120 亿美元；此外，据有关数据统计，每年有 70％以上的用户在使用存储设备时遭遇过数据丢失……

随着信息化、电子化进程的发展，数据越来越成为企事业单位日常运作的核心决策发展的依据。有机构研究表明：丢失 300 MB 的数据对于市场营销部门就意味着 13 万元的损失，对财务部门就意味着 16 万元的损失，对工程部门来说损失可达 80 万元。而企业丢失的关键数据如果 15 天内仍得不到恢复，企业就有可能被淘汰出局。

这些事件和数据表明，在享用数据给人们带来的便利的同时，也要注意数据安全。

### 4. 威胁数据安全的主要因素

为更好地应对数据安全威胁，需要了解威胁数据安全的主要因素，具体情况如下。

（1）硬盘驱动器毁坏：由于系统或电器的物理损坏使文件丢失。

（2）人为错误：偶然地删除一个文件或重新格式化一个磁盘。

（3）黑客：网络攻击者远程攻击计算机侵入并损害信息。

（4）病毒：硬盘驱动器或磁盘被感染。

（5）信息盗窃：网络攻击者入侵计算机后复制或删除信息或侵占整个单元系统。

（6）自然灾害：火灾或洪水破坏等灾害原因损坏计算机和硬盘驱动器。

（7）电源浪涌：一个瞬间过载电功率损害在硬盘驱动器上的文件。

（8）磁干扰：软盘、硬盘等磁性存储介质接触到有磁性的物质，比如曲别针盒，文件可能被清除。

其他因素也会威胁数据安全。

### 5. 常见数据安全的防护技术

常见数据安全的防护技术，主要有磁盘列阵、数据备份、双机容错、数据迁移、异地容灾、网络接入存储（NAS）、存储区域网络（SAN）7 种技术。

（1）磁盘列阵：把多个类型、容量、接口甚至品牌的专用磁盘或普通硬盘连成一个阵列，使其以更快的速度及准确、安全的方式读写磁盘数据，从而达到数据读取速度和安全性。

（2）数据备份：将数据以预定频率和不同容量复制到一个或多个位置。

（3）双机容错：保证系统数据和服务的在线性，即当某一系统发生故障时，仍然能够正常地向网络系统提供数据和服务，使得系统不至于停顿。

（4）数据迁移：由在线存储设备和离线存储设备共同构成一个协调工作的存储系统。

（5）异地容灾：以异地实时备份为基础的高效、可靠的远程数据存储。各单位的 IT 系统中的核心部分，都配备有一个远程备份中心。当火灾、地震等灾害发生时，一旦生产中心瘫痪，备份中心会接管生产，继续提供服务。

（6）网络接入存储（NAS）：一种采用直接与网络介质相连的特殊设备实现数据存储的机制。由于这些设备都分配有 IP 地址，所以客户机通过充当数据网关的服务器可以对其进行存取访问，甚至在某些情况下，不需要任何中间介质，客户机可以直接访问这些设备。

（7）存储区域网络（SAN）：存储设备相互连接且与一台服务器或一个服务器群相连的网络。SAN 允许服务器在共享存储装置的同时仍能高速传送数据。它具有带宽高、可用性高、容错能力强的优点，而且可以轻松升级，容易管理，有助于改善整个系统的总体成本状况。

## 6. 数据安全备份

在日益数字化的业务环境中，数据备份对于组织的生存至关重要。数据中心可能会被黑客入侵或勒索赎金，并将数据丢失给窃贼，窃贼会将商业机密卖给出价最高的人。置入的恶意软件可能会破坏来之不易的信息。心怀不满的员工或其他内部威胁可能会删除宝贵的数字资产。通过数据备份能有效保护数据安全。

数据备份是一种将技术和解决方案相结合的实践，以实现高效且具有成本效益的备份。将数据以预定频率和不同容量复制到一个或多个位置。用户可以使用自己的架构设置灵活的数据备份操作，或利用可用的备份即服务（BaaS）解决方案，将其与本地存储混合。

数据备份是将数据从主要位置复制到次要位置的做法，以在发生灾难、事故或恶意操作时保护数据。数据是现代组织的命脉，丢失数据可能会造成较大损失并中断业务运营。这就是备份数据对所有企业都至关重要的原因。

## 7. 数据安全备份的经典案例

"9·11"事件后，不少公司因为无法迅速恢复丢失的数据而倒闭。但也有公司采用备份，很快恢复了营业。如摩根士丹利，其在公司总部和数英里（1 英里＝1.609344 千米）外的新泽西州分别设有完整的股票证券商业文档和数据库服务器灾难备份中心，它仅过 2 天就恢复了正常运营。

中国银联在上海建设生产数据中心，北京建设灾备数据中心，两地相距 1200 公里以上。超远距离情形下，容灾链路成本昂贵，且信用卡发卡系统数据非常集中，尤其是民生银行和兴业银行的单套系统数据容量在 8 TB 以上，每天的日志增量 500 GB 以上，高峰时间达到每秒 30 MB。虽然中国银联已存在逻辑复制方案，但延迟时长无法达到银监会要求。

对此某公司 DBRA 容灾系统的部署为中国银联实现了异地超远距离容灾，且绝大部分情形下数据实时同步，批量处理高峰期两端延时满足银监会 900 秒以内要求。

此外，某公司 DBRA 容灾产品支持全业务容灾切换、一键容灾切换、误操作快速回退、容灾节点可查询等功能，发生灾难时可以利用这些功能进行快速的容灾切换和系统接管确保用户业务连续性，最大限度地满足容灾系统 RTO 需求。

计算机里面重要的数据、档案或历史记录，无论是对企业还是对个人，都是至关重要的，如不慎丢失，都会造成不可估量的损失。虽然有数据恢复技术等灾后补救措施，但防患于未然必定是更好的。

### 8. 数据安全备份的方法

数据安全备份可以根据不同场景和不同需要采用不同的方法。

（1）本地备份：在本机的特定存储介质上进行的备份。主要将数据存储在本地计算机硬盘的特定区域或直接相连的可移动介质上。

（2）异地备份：通过网络将数据备份到与本地计算机物理上相分离的存储介质上。主要通过网络硬盘或网络上的其他系统，将数据存储在可移动介质上。

（3）可更新备份：将数据备份到可读写的存储介质（如软盘、硬盘、移动存储器）上，可以进行读写操作，因而可以随时更新。

（4）不可更新备份：将数据备份到只读存储介质（如 CD-R）上，只可一次性写入，不能再进行更新。

（5）动态备份：利用工具软件读功能，定时自动备份指定文件，或者在文件内容变化后随时自动备份。

（6）静态备份：一般为手工备份。

## 3.3.1.2 数据备份的类型和策略

### 1. 数据备份的类型

数据备份的类型可以按备份的数据量、备份的形式、备份实现的层次、备份的地点划分。

1）按备份的数据量划分

按备份的数据量划分，主要分为完全备份（full backup）、增量备份（incremental backup）、差量备份（differential backup）。

（1）完全备份。

每天对系统进行完全备份。当发生数据丢失的灾难时，只要用备份硬盘就可以恢复丢失的数据。但每天进行完全备份，会造成备份数据大量重复。而且其备份所需时间长。对于那些业务繁忙、备份时间有限的单位来说，选择这种备份策略是不明智的。例如操作系统与应用程序，这些重复的数据占用了大量的硬盘空间，意味着增加成本。另外，由于需要备份的数据量相当大，备份所需时间也就较长。

这种备份方式很直观，容易被人理解。当发生数据丢失的灾难时，只要用一个硬盘（即灾难发生前一天的备份硬盘），就可以恢复丢失的数据。但也存在如上不足之处。

（2）增量备份（incremental backup）。

增量备份的优点是没有重复的备份数据，节省硬盘空间，缩短备份时间。缺点在于当发生灾难时，恢复数据比较麻烦。

星期天进行一次完全备份，然后在接下来的六天里只对当天新的或被修改过的数据进行备份。这就节省了硬盘空间，缩短了备份时间。但当灾难发生时，数据的恢复比较麻烦。例如，若系统在周四早晨发生故障，那么就需要将系统恢复到周三晚上的状态。管理员需要找出周一的完全备份硬盘进行系统恢复，再找出周二的硬盘来恢复周二的数据，最后再找出周三的硬盘来恢复周三的数据。在这种备份下，各硬盘间的关系就像链子一样，其中任何一个硬盘出了问题，都会导致整条链子脱节。

（3）差量备份。

管理员先在周一进行一次系统完全备份，然后在接下来的几天里，再将当天所有与周一不同的数据备份到硬盘上。

星期天进行一次系统完全备份，然后在接下来的几天里，再将当天所有与星期天不同的数据（新的或修改过的）备份到硬盘上。这在避免了以上两种策略的缺陷的同时，又具有它们的所有优点。差分备份无须每天都做系统完全备份，备份所需时间较短，节省了硬盘空间，灾难恢复也很方便。系统管理员只需两个硬盘，即系统完全备份硬盘与发生灾难前一天的备份硬盘，就可以将系统完全恢复。

三种数据量备份方式的比较如图 3-1 所示。

| 项目 | 完全备份 | 增量备份 | 差量备份 |
|------|---------|---------|---------|
| 空间使用 | 最多 | 最少 | 少于完全备份 |
| 备份速度 | 最慢 | 最快 | 快于完全备份 |
| 恢复速度 | 最快 | 最慢 | 快于增量备份 |

图 3-1　三种数据量备份方式的比较

2）按备份的形式划分

按备份的形式划分，主要分为物理备份和逻辑备份。

（1）物理备份。

物理备份是指将实际物理数据库文件从一处拷贝到另一处的备份，冷备份（脱机备份）、热备份（联机备份）都属于物理备份。

（2）逻辑备份。

逻辑备份是指将某个数据库的记录读出并将其写入到一个文件中，这是经常使用的一种备份方式。

3）按备份实现的层次划分

按备份实现的层次划分，主要分为软件备份、硬件备份。

4）按备份的地点划分

按备份的地点划分，主要分为本地备份和异地备份。

2. 数据备份的形式和策略

1）硬盘备份

数据安全备份的几种策略中，人们想到的较简单的策略，就是接入一块外接硬盘，定期将需要储存的重要文件储存在硬盘中，所以怎样在性能和成本之间平衡，挑选合适的硬盘是关键所在。硬盘的使用寿命及安全性取决于硬盘的结构和型号，品质好的硬盘更能实现数据安全备份。

为了保证数据不容易丢失，也可以使用储存容量稍大的硬盘来进行增量备份。那么，选用多大容量的硬盘合适呢？如果进行增量备份的话，最好的选择是比电脑硬盘容量大三到四倍的储备硬盘，这样更能兼顾到数据信息的完整性和使用效果。

2）软件自动备份

软件自动备份是数据安全备份的常用策略。目前大多数设备都可以进行"无感"备份。例如 Mac 设备中的 Time Machine 软件，可以将已经更改的数据实时备份到外置硬盘，既快捷又节省空间。Windows 11 系统同样也具有这样的备份功能，将数据备份到 Microsoft 账户中，只是还没有苹果系统那样智能。

3）云备份

云备份是数据安全备份的有效策略。云备份的原理是将数据备份到"其他电脑"上。当我们的电脑出现故障或者硬盘备份出现问题时，可以调用云设备上的备份来恢复数据。

现在很多云备份的工具，可以随时随地进行储存。这种工具有利有弊，当文件损坏时，损坏的文件也会被储存在云设备中。也有一些一体化的备份方案，下载备份服务的应用程序，进行注册，就可以进行完整不更改的备份。

### 3.3.1.3　数据备份技术

数据备份必须要考虑到数据恢复的问题，包括采用双机热备、磁盘镜像或容错、备份磁带异地存放、关键部件冗余等多种灾难预防措施。这些措施能够在系统发生故障后进行系统恢复。但是这些措施一般只能处理计算机单点故障，对区域性、毁灭性灾难则束手无策，也不具备灾难恢复能力。

### 1. 数据备份技术

数据备份技术主要包括 LAN 备份、LAN-Free 备份、SAN Server-Free 备份。

三种方案中，LAN 备份数据量最小，对服务器资源占用最多，成本最低；LAN-Free 备份数据量大一些，对服务器资源占用小一些，成本高一些；SAN Server-Free 备份能够在短时间备份大量数据，对服务器资源占用最少，但成本最高。中小客户可根据实际情况做出选择。

1）LAN 备份

传统备份需要在每台主机上安装备份硬盘以备份本机系统，采用 LAN 备份策略，在数据量不是很大时，可采用集中备份。一台中央备份服务器将会安装在 LAN 中，然后将应用服务器和工作站配置为备份服务器的客户端。中央备份服务器接受运行在客户机上的备份代理程序的请求，将数据通过 LAN 传递到它所管理的、与其连接的本地备份硬盘资源上。这一方式提供了一种集中的、易于管理的备份方案，并通过在网络中共享备份硬盘资源提高了效率。

2）LAN-Free 备份

由于数据通过 LAN 传播，当需要备份的数据量较大、备份时间窗口紧张时，网络容易发生堵塞。在 SAN 环境下，可采用存储网络的 LAN-Free 备份，将需要备份的服务器通过 SAN 连接到备份硬盘上，在 LAN-Free 备份客户端软件的触发下，读取需要备份的数据，将其通过 SAN 备份到共享的备份硬盘上。这种独立网络不仅可以使 LAN 流量得以转移，而且其运转所需的 CPU 资源低于 LAN 方式。这是因为光纤通道连接不需要经过服务器的 TCP/IP 协议栈，而且某些层的错误检查可以由光纤通道内部的硬件完成。在许多解决方案中需要一台主机来管理共享的存储设备，以及用于查找和恢复备份数据库。

3）SAN Server-Free 备份

LAN Free 备份需要占用备份主机的 CPU 资源，如果备份过程能够在 SAN 内部完成，而大量数据流无须经过服务器，则可以极大降低备份操作对生产系统的影响。SAN Server-Free 备份就是这样的技术。

### 2. 数据备份方式

目前比较常见的数据备份方式有以下几种：

（1）定期硬盘备份数据；

（2）远程数据库备份；

（3）网络数据镜像；

（4）远程镜像磁盘。

### 3. 数据备份工具

常见的数据备份工具主要包括：

（1）在线数据备份，提供在线的企业和个人的数据备份（如百度云）；

（2）Windows 本身内建的备份程序（如公文包）；

（3）应用系统本身的备份工具（如 SQL Server/Oracle）；

（4）向第三方厂商（如全球盾、Eubase、IBM、赛门铁克）购买；

（5）专用备份系统；

（6）Zip/RAR 压缩。

### 4. 常见备份平台及软件

1）百度云

百度云是目前使用较广泛的云端，是百度提供的一种云存储服务。

百度云率先推出图像智能识别和检索服务，用户可通过智能分类和人脸识别等功能对云端图片进行浏览、查找和管理。2022 年 9 月 23 日，2022 万象·百度移动生态大会在广东珠海召开。在大会上，百度副总裁、百度网盘总经理阮瑜宣布，百度网盘用户数突破 8 亿。

存储数据总量超过 1000 亿 GB，年均增长 60%。不仅如此，百度网盘还宣布全面升级智能开放平台，向全行业开放 100 多项平台能力、30 多项 AI 能力、千万级训练框架，实现软硬件场景全覆盖。

据悉，目前百度网盘开发者数量近 10 万，覆盖消费级 IoT 设备 1.5 亿，合作生态伙伴达到 6800 家，开发者规模和月活跃设备数年均增速均超过 30%。作为一款国民级产品，百度网盘已连续 9 年为超过 7 亿用户提供稳定、安全的个人云存储服务，已实现电脑、手机、电视等多种终端场景的覆盖和互联。

2）Ghost 克隆备份

这是常用的一种备份软件，其特点是将硬盘中包括分区在内的所有信息完整地保存到存储介质上，即使原分区信息已经改变，也能将数据全部恢复。如果将原硬盘的 Ghost 克隆备份文件存储到另一块硬盘上，当整个硬盘损坏不能使用时，可换上容量不小于原硬盘的新硬盘，应用 Ghost 克隆技术就能将备份数据进行恢复，使系统正常运转。

## 🔍 3.3.2　密码与账户的安全管控

在信息管理系统应用中，为保证数据安全，在用户访问权限和文件目录访问权限上可以通过用户账户合理分配来进行控制。

用户账户是由将用户定义到某一系统的所有信息组成的记录，其为用户或计算机提供安全凭证，包括用户名和用户登录所需要的密码，以及便于用户和计算机登录到网络并访问信息资源的权限。

### 3.3.2.1　用户账户类型

#### 1. 管理员账户

管理员账户通常称为超级用户，在 Windows 系统中用 Administrator 定义，在 Linux 系统中用 root 定义，可以不受限制地重新配置和管理系统，可以运行所有服务。

计算机的管理员账户拥有对系统的控制权，当用户需要设置系统时，比如安装和删除程序文件或者要访问计算机上受保护的系统文件时，就需要使用管理员账户。另外，它还拥有控制其他用户的权限，Win10 系统中至少要有一个计算机管理员账户，在只有一个计算机管理员账户的情况下，该账户不可将自己改成受限制账户。

在发送和接收电子邮件，计算机系统检查或编程时，请尽量不要使用 root 权限。这是因为滥用超级用户可能会导致无法想象的灾难（例如意外删除重要的配置文件）。另外，在使用超级用户时，请一次又一次地检查命令，因为多余的空格或缺少某个字符的命令可能会导致数据丢失。系统用户是想要使用 DNS、邮件、Web 等服务的用户，使用这些账户的主要原因是出于安全性考虑。如果所有服务均由超级用户运行，则在这些服务受到威胁的情况下，攻击者可以无限制地做任何事情。

例如，系统管理员通常使用 HTTP 账户来运行 Web 服务器，用户账户是实际用户访问系统的主要方式。这些账户可以分隔不同用户的应用程序环境，并防止用户破坏系统或其他用户。要设置环境而不影响其他用户，每个人都必须拥有自己的唯一账户才能访问系统。这使管理员可以找到谁做了什么，防止人们破坏其他用户的设置并阅读其他人的电子邮件等。每个用户可以设置自己的环境，通过更改编辑器、键盘绑定和语言来适应系统。

### 2. 标准账户

标准账户通常称为普通用户。对于运行服务有限制，没有超级用户的全部权限。

一般情况下，用户日常为了方便使用会创建标准账户，权限相对于超级用户，会受到一定限制，在系统中可以创建多个此类账户。

也可以改变其账户类型，该账户可以访问已经安装在计算机上的程序，可以设置自己账户的图片、密码等，它没有权限更改大多数计算机的设置。

账户由登录并使用系统的真实用户（人员）使用，标准账户通常不会因错误而损坏整个系统。因此，通常需要尽可能多地使用标准账户，除非需要其他特权。

例如，可以：

创建、删除、更改本地用户账户；

创建、删除、管理本地计算机内的共享文件夹与共享打印机；

自定义系统设置，例如更改计算机时间、关闭计算机等。

### 3. 来宾账户

来宾账户一般情况下提供给在计算机上没有账户的人使用，只是一个临时账户，主要用于远程登录的网上用户访问计算机系统等。来宾账户的权限最低，没有密码，它也无法对系统做任何修改，只能查看计算机中的资料。

### 4. 用户的设置和分组

在控制面板中选择"用户账户"，点击"更改账户类型"，进入管理员账户。

管理员是计算机 Administrators 组的成员，普通用户是计算机 Users 组的成员。

默认情况下管理员和普通用户都会在标准用户安全中访问资源和运行应用程序。

用户登录计算机后，系统为该用户创建一个访问令牌。该访问令牌包含有关授予该用户的访问权限级别的信息，其中包括特定的安全标识符（SID）信息和 Windows 管理权限。

当管理员登录计算机时，计算机为该用户创建两个单独的访问令牌：标准用户访问令牌和管理员访问令牌。标准用户访问令牌包含的用户特定信息与管理员访问令牌包含的信息相同，但是已经删除 Windows 管理权限和 SID。标准用户访问令牌用于启动不执行管理任务的应用程序。

默认情况下，当管理员应用程序启动时，会出现"用户账户控制"消息。如果用户是管理员，该消息会提供选择允许或禁止应用程序启动的选项。如果用户是标准用户，该用户需要输入一个本地 Administrators 组成员的账户的密码。

### 3.3.2.2　密码安全策略

2010 版 GMP 附录计算机化系统中，第十四条规定，只有经许可的人员才能进入和使用系统。企业应当采取适当的方式杜绝未经许可的人员进入和使用系统。这就是说的安全策略。安全策略大体可分为两种：物理安全和逻辑安全。

物理安全就是把这个房间或这个柜子加把锁，有钥匙的人才能进去，做到物理隔离，这是物理安全。

逻辑安全就是通过软件的账号密码逻辑来控制人员的进入和使用。

#### 1. 设置密码安全策略

根据 2010 版 GMP 附录计算机化系统第十四条规定，必须经过许可才能进入系统，所以操作系统里的用户账号密码是必需的，那么密码策略也是必需的。相关操作如下。

第一步：用鼠标点击程序→选择本地安全策略→显示本地安全策略属性框→选择密码策略。

（1）放宽最小密码长度限制：可不设置（一般不显示）。Windows 默认限制密码长度为 6～14 位，不能超过 14 位，若启用本选项，则可以设置超过 14 位的长密码，否则密码不能超过 14 位。

（2）密码必须符合复杂性要求：需启用。启用后密码需符合如下要求：不能包含用户名中的连续字符；长度至少 6 个字符；至少包含大写字母、小写字母、数字和特殊字符中的三种。

（3）密码长度最小值：需设置。与前两个设置有关。一般设置在 6～14 个字符之间。

（4）密码最短使用期限：可不设置。

（5）密码最长使用期限：需设置。设置天数后，Windows 会在这一天到来后提醒修改密码，否则不允许登录系统。Windows 默认值为 42 天，推荐值为 30～90 天。

（6）强制密码历史：需设置。强制用户至少拥有几个密码来循环使用。一般建议设置为 2～6 之间，低于 2 则不能保证密码安全，高于 6 则会给用户带来遗忘风险。

（7）用可还原的加密来储存密码：保持默认值。默认禁用。

第二步：双击"密码必须符合复杂性要求"，进行设置，将"密码必须符合复杂性要求"改为"已启用"，再点"确定"（密码可以包含大小写字母、数字、特殊符号以及满足密码长度）。

"密码必须符合复杂性要求"策略设置确定密码是否必须符合对强密码至关重要的一系列指南。启用此策略设置要求密码满足以下要求。

（1）密码不应包含用户的账户名或全名。

（2）密码包含以下类别中的三种字符：大写字母、小写字母、基本数字（0 到 9）、非字母数字字符（特殊字符，例如！、$、♯、％）。

将"密码必须符合复杂性要求"设置为"启用"。此策略设置结合 8 位的最短密码长度可确保一个密码具有至少 21.8 万亿种不同的可能性。这使得进行暴力攻击变得困难，但仍非不可能。

仅包含字母数字字符的密码很容易通过公共可用的工具遭到泄露。为避免此问题，密码应包含其他字符，并满足复杂性要求。

第三步：双击打开"密码长度最小值属性"改成 8 个字符，再单击"确定"（比如可将密码设为 8 位数）。

"最短密码长度"策略设置确定可以组成用户账户密码的最少字符数。可以设置 1 到 14 个字符之间的值，或者通过将字符数设置为 0 来指示不需要使用密码。

允许使用短密码会降低安全性，因为使用针对密码执行字典攻击或暴力攻击的工具就可以很容易地破解短密码。要求使用非常长的密码可能导致密码错误输入，这可能导致账户锁定，随后将增加技术人员的呼叫量。

第四步：双击打开"密码最短使用期限"，将属性改为 0 天，再单击"确定"即可。

"密码最短使用期限"策略设置确定在用户更改某个密码之前必须使用该密码一段时间（以天为单位）。可以设置一个介于 1 和 998 之间的值，或者将天数设置为 0，允许立即更改密码。

密码最短使用期限必须小于密码最长使用期限，除非将密码最长使用期限设置为 0，指明密码永不过期。如果将密码最长使用期限设置为 0，则可以将密码最短使用期限设置为介于 0 和 998 之间的任何值。

如果希望"强制密码历史"有效，则需要将密码最短使用期限设置为大于 0 的值。如果没有设置密码最短使用期限，则用户可以循环选择密码，直到获得期望的旧密码。默认设置没有遵从此建议，以便管理员能够为用户指定密码，然后要求用户在登录时更改管理员定义的密码。如果将密码历史设置为 0，用户将不必选择新密码。因此，默认情况下将"强制密码历史"设置为 1。

第五步：双击打开"密码最长使用期限"，将属性改为 45 天，再单击"确定"即可（更改密码后需要等待 45 天才能再次更改）。

"密码最长使用期限"策略设置确定在系统要求用户更改某个密码之前可以使用该密码的期间（以天为单位）。可以将密码设置为在某些天数（介于 1 到 999 之间）后到期，或者将天数设置为 0，指定密码永不过期。如果密码最长使用期限介于 1 和 999 天之间，则密码最短使用期限必须小于密码最长使用期限。如果将密码最长使用期限设置为 0，则可以将密码最短使用期限设置为介于 0 和 998 天之间的任何值。

将"密码最长使用期限"设置为 −1 等同于 0，这意味着密码永远不会过期。将它设置为任何其他负数等同于将其设置为"未定义"。

第六步：双击打开"强制密码历史"，将属性改为"10"，再单击"确定"即可。

此设定将"强制密码历史"改为 10 个记住的密码（用户设置密码时不能与以前设置的 10 个密码相同）。

许多用户希望在较长的时间内为其账户重复使用相同的密码。为特定账户使用相同密码的时间越长，攻击者通过暴力攻击确定密码的概率就越高。如果要求用户更改其密码，但其可以重复使用旧密码，则将大大降低优良密码的有效性。用户指定的数字介于 0 到 24 之间。

## 2. 最佳做法

（1）将"强制密码历史"设置为 24。这将有助于缓解由于密码重复使用导致的漏洞。

（2）设置密码最长使用期限，以使密码的到期日期介于 60 到 90 天之间。尝试使密码在重要业务周期之间到期，以防工作损失。

（3）配置密码最短使用期限，以便不允许用户立即更改密码。

### 3.3.2.3 保护账户安全

保护账户安全的策略主要分为以下几类：账户锁定、账户登录、禁止枚举账号、Administrator 账户更名、禁用 Guest 账户。

#### 1. 账户锁定

为了防止有人恶意猜测密码，系统一般会设计账户锁定功能，即当有人连续多次输入错误密码时，该账户将会被锁定一段时间，就像在 ATM 机上连续三次输错密码会被锁卡一样，都是为了防止有人恶意破解，Windows 也有这个功能。

依次点击程序→Windows 管理工具→本地安全策略→账户策略→账户锁定策略

（1）账户锁定阈值：先说阈值，因为首先要设置阈值，其他两个才有意义，否则其他两个参数处于无效状态。阈值即连续输入错误密码的次数，设定为 5，就是连续 5 次输入错误密码后，账户锁定。

（2）账户锁定时间：设定账户锁定阈值后，锁定时间参数生效，默认为 30 分钟，建议改为 0，即管理员解锁前，账户永久锁定。

（3）重置账户锁定计数器：默认为 30 分钟，可以保留，不用管。

#### 2. 账户登录

经常会有多人共用一台电脑，打开电脑时就会发现登录界面罗列着好多用户。这样会产生以下三个问题：

（1）用户太多了，自己的账户不太好找；

（2）用户名都摆在桌面上，自己的账户信息已经暴露了一半；

（3）用户需要在每台电脑上维护自己的账户和密码信息，太多了就容易忘记。

可以通过以下两个办法解决：

（1）使用 Windows 经典登录方式，不要使用快捷登录；

（2）有条件的话，使用 Windows 域来管理用户。

具体操作如下：依次点击程序→Windows 管理工具→本地安全策略→本地策略→安全选项。

找到右侧的交互式登录，双击显示交互式登录对话框。

登录时不显示用户名，选择已启用，单击确定。再登录时，就不会显示所有的用户列表，而只是一个登录框了。

### 3. 禁止枚举账号

1）通过修改注册表禁用空用户连接

操作步骤如下：

单击"开始"→"运行"打开"运行"对话框；输入"Regedit"并单击确定打开注册表编辑器；在注册表编辑器中逐层进入"HKEY _ LOCAL _ MACHINE""SYSTEM""CurrentControlSet""control""Lsa"。

将 restrictnnonymous 的值设置为 1，这样可以禁止空用户连接。

2）修改本地安全策略

操作步骤如下：

进入系统的"控制面板"，单击"管理工具"，单击"本地安全策略"，进入"安全设置"对话框。

选择"本地策略"→"安全选项"；双击"对匿名连接的额外限制"项；选择"本地策略设置"列表，列表中出现以下三个选项。

（1）"无，依赖于默认许可权限"选项：这是系统默认值，没有任何限制，远程用户可以知道当前机器上所有的账号、组信息、共享目录、网络传输列表等，对服务器来说这样的设置非常危险。

（2）"不允许枚举 SAM 账号和共享"选项：这个值只允许非 NULL 用户存取 SAM 账号信息和共享信息，一般选择此项。

（3）"没有显式匿名权限就无法访问"选项：这个值是最安全的一个，但是如果使用了这个值，就不能再共享资源了，所以还是推荐设为"不允许枚举 SAM 账号和共享"比较好。我们选择"不允许枚举 SAM 账号和共享"项，并确定。

此时，我们就禁止了用户枚举账号的操作。

### 4. Administrator 账户更名

进入系统"控制面板"→"计算机管理"，进入"计算机管理"窗口。选择"本地用户和组"→"用户"；在窗口右面使用鼠标右键单击"Administrator"，在右键菜单中选择"重命名"；重新输入一个名称。

最好不要使用 Admin、Root 之类的名字，如果使用，则改了等于没改。尽量把它伪装成普通用户，比如改成 Guestlll，别人怎么也想不到这个账户是超级用户。然后另建一个名为"Administrator"的陷阱账户，不赋予任何权限，加上一个超过 10 位的超级复杂密码，并对该账户启用审核。这样那些非法用户忙了半天也可能进不来，或是即便进来了也什么都得不到，还留下跟踪的线索。

5. 禁用 Guest 账户

禁用 Guest 账户的操作步骤如下：

选择"控制面板"→"管理工具"→"计算机管理"；在计算机管理的"本地用户和组"项，选择"用户"，用鼠标右键单击右侧列表里的"Guest"账户，在右键菜单中选择"属性"或是双击"Guest"账户，在属性对话框中，在"账户已停用"一项前打钩，这样就无法用 Guest 账户登录你的系统了。

如果还需要提供共享打印服务，则需要在"本地安全策略"的"用户权利指派"中的"在本地登录"项里设置 Guest 账户不能登录本机（去掉 Guest 项后面的勾）。

另外，经常检查本地用户和组，删除不用的账户，不要给非法用户和黑客留下可乘之机，经过以上步骤，我们的系统应该相对安全了许多。

## 3.3.3　文件完整性安全管控

### 3.3.3.1　文件完整性与检验

存储在计算机中的数据可以说每天都在增加，与此同时，需要访问这些数据的人数也在增长，这样，无疑对数据的完整性的潜在需求也随之而增长。

数据完整性这一术语用来泛指与损坏和丢失相对的数据的状态，它通常表明数据的可靠与准确性是可以信赖的。同时，在不好的情况下，意味着数据有可能是无效的或不完整的。

数据完整性方面的要点：一是存储器中的数据必须和其被输入时或最后一次被修改时一模一样；二是用来建立信息的计算机、外围设备或配件都必须正确地工作；三是数据不能被其他人非法利用。

需要注意的是，在分布式计算环境中，或在计算机网络环境中，通过 PC、工作站、服务器、中型机和主机系统来改善数据完整性已变得日益困难。原因何在？许多机构为了给其用户提供尽可能好的服务，采用不同的平台来组成系统，仿佛拥有不同的硬件平台一样，使这些机构一般都拥有使用不同文件系统和系统服务的机器。E-mail 交换系统成了对协同工作的网络系统的需求；协议的不同需要网关或协议的转换；系统开发语言和编译器的不同也产生了应用上兼容性的问题。凡此种种，造成了系统之间通信上可能产生的问题。结果使之处于一种充满了潜在的不稳定性和难于预测的情况之中。

## 1. 影响数据完整性的因素

### 1) 硬件故障

任何一种高性能的机器都不可能长久地运行下去而不发生任何故障，这也包括计算机。

常见的影响数据完整性的硬件故障有：

（1）磁盘故障；

（2）I/O 控制器故障；

（3）电源故障；

（4）存储器故障；

（5）介质、设备和其他备份故障；

（6）芯片和主板故障。

### 2) 网络故障

（1）网络接口卡和驱动程序实际上是不可分割的。在大多数情况下，网络接口卡、驱动程序的故障并不损害数据，仅仅使使用者无法访问数据。但是，当网络服务器上的网络接口卡发生故障时，服务器一般会停止运行，这就很难确认被打开的那些文件是否被损坏。

（2）网络中被传输的数据对网络所造成的压力往往是很大的。网络设备，例如路由器和网桥中的缓冲区不够大就会发生操作阻塞的现象，从而导致数据包的丢失。相反，如果路由器和网桥的缓冲容量太大，则调度如此大量的信息流所造成的延时极有可能导致会话超时。此外，网络布线设计不正确也可能导致网络故障，影响到数据的完整性。

（3）网络设备在工作时能经过地线、电源线、信号线将电磁信号或谐波等辐射出去产生电磁辐射，电磁辐射能破坏网络中传输的数据。控制辐射的办法，是采用屏蔽双绞线或光纤系统进行网络的布线。

### 3) 逻辑故障

软件也是威胁数据完整性的一个重要因素。由于软件问题而影响数据完整性的情形有下列几种：软件错误、文件损坏、数据交换错误、容量错误、不恰当的需求、操作系统错误。

软件错误包括形式多样的缺陷，通常与应用程序的逻辑有关。

文件损坏是由于一些物理的或网络的问题导致文件被破坏。文件也可能由于系统控制或应用逻辑中一些缺陷而造成损坏。颇为令人烦恼的是如果被损坏的文件自身又被其他过程调用而生成新的数据，这些新生成的数据是错误的，这是一类很难应付的问题。

当文件转换过程中生产的新的文件不具有正确的格式时，便产生数据交换错误。

4）意外的灾难性事件

常见的灾难性事件有水灾、火灾、台风、暴风雪、工业事故、蓄意破坏/恐怖活动等。

人类的活动对数据完整性所造成的影响是多方面的。人类给数据完整性带来的常见威胁包括意外事故、缺乏经验、压力/恐慌、通信不畅、蓄意破坏和窃取等。

## 2. 保护数据完整性的检测技术

为保证数据的完整性，一般会采取管理方面和技术方面相结合的多种措施。例如，采用基于口令的系统准入机制和资源访问控制两种措施，这两种措施能对人为的主动攻击起到很好的防御作用，以保护数据的完整性。

数据完整性检测可以通过多种技术来实现。

1）比较校验

最简单的校验就是把原始数据和待比较数据直接进行比较，看是否完全一样。这种方法是最安全、最准确的，同时也是效率最低的。

2）计算校验和

计算校验和是目前完整性检测应用最广泛的方法，对被保护的数据生成校验和并保存在存储介质中。

如数据库中，在需要检测完整性时重新生成相应数据的校验和，并将其与保存的校验和对比即可判断出完整性是否被破坏。校验和通常是通过 hash 函数生成，由于需要将任意长度的字符串映射到固定长度的一定空间中去，因而要求 hash 函数具有良好的抗碰撞性，常用的标准 hash 算法有 MD5、SHA1、HMAC 等。

3）镜像和备份

存储设备可以通过维护一个或多个数据的备份来维护完整性。检测时将备份与数据进行对比即可。

这个方法实现起来容易，但是存储设备的空间消耗以及检测的时间消耗都是很大的，检测的效率较低。镜像和备份的方法对于攻击者的篡改所能起到的保护也很有限，攻击者如果同样篡改了备份数据，则对原数据的保护失效。

4）循环冗余校验码

循环冗余校验码（CRC）可用于从网络中获取可信赖的数据。在分布式存储系统中可以采用该方法来维护数据在各节点间传输时的完整性。CRC技术将每一个被保护的数据块称作帧。数据发送方在发送的每一个数据帧后面都加上一定比特长度的帧校验序列（FCS），接收者通过FCS中附带的冗余信息可以检测出数据帧中的错误。

5）奇偶校验码

用单一比特来表示存储字节中1的个数是偶数还是奇数，采用奇偶校验码的二进制字符串中通常会为每8个比特分配一个奇偶校验位，数据接收方通过奇偶校验位可以进行完整性校验。通过奇偶校验码，分布式存储系统得以在网络中较低的层次里实现完整性校验。

使用镜像和备份校验来检测完整性存在安全风险，而且对于时间特别是空间消耗都是非常大的，而且镜像和备份的安全性直接关系到完整性检测的准确性，因而存在一定的安全风险。

使用计算校验和、校验码等方式进行检测时，时间消耗比较大，因为在检测过程中对于被保护的数据每一次都需要完整地进行一次校验，这个过程往往很费时间，所以这个方法的效率也不是很高。

计算校验和是目前使用最广泛的完整性检测方法，采取抽样hash和并行式处理相结合的方式来提高检测效率，以实现完整性快速检测。

### 3.3.3.2　数字证书与数字签名

数字证书是指在互联网通信中标志通信各方身份信息的数字认证，人们可以在网上用它来识别对方的身份，因此数字证书又称为数字标识。数字证书对网络用户在计算机网络交流中的信息和数据等，以加密或解密的形式保证其完整性和安全性。

数字证书从本质上来说是一种电子文档，是由电子商务认证中心（以下简称CA中心）所颁发的一种较为权威与公正的证书，对电子商务活动有重要影响，在数字证书的应用过程中，CA中心具有关键作用。作为第三方机构，CA中心必须保证具有一定的权威性与公平性。当前我国的CA中心的从业资格是由国家工业与信息化部颁发，全国范围内只有60余家企业具有数字认证的从业资格。

### 1. 数字证书的基本原理

（1）发送方在发送信息前，需先与接收方联系，同时利用公钥加密信息。信息在进行传输的过程中一直是处于密文状态，包括接收方接收后也是加密的，确保了信息传输的单一性。若信息被窃取或截取，也必须利用接收方的私钥才可解读数据，而无法更改数据，这也有利于保障信息的完整性和安全性。

（2）数字证书的数字签名类似于加密过程，数据在实施加密后，只有接收方才可打开或更改数据信息，并加上自己的签名后再传输至发送方，而接收方的私钥具有唯一性和私密性。这也保证了签名的真实性和可靠性，进而保障信息的安全性。

### 2. 数字证书的特征

（1）安全性。用户申请证书时会有两份不同证书，分别用于工作电脑以及用于验证用户的信息交互。若所使用电脑不同，用户就需重新获取用于验证用户所使用电脑的证书，而无法进行备份。这样即使他人窃取了证书，也无法获取用户的账户信息，保障了账户信息的安全性。

（2）唯一性。数字证书依用户身份不同给予其相应的访问权限，若换电脑进行账户登录，而用户无证书备份，其是无法实施操作的，只能查看账户信息。数字证书犹如"钥匙"一般，所谓"一把钥匙只能开一把锁"，就是其唯一性的体现。

（3）便利性。用户可即时申请、开通并使用数字证书，且可依自身需求选择相应的数字证书保障技术。用户不需要掌握加密技术或原理，就能够直接通过数字证书来进行安全防护，十分便捷高效。

### 3. 数字证书的使用范围

（1）安全电子邮件。在电子邮件中使用数字证书可以建构安全电子邮件证书，对用户加密电子邮件的传输，保护电子邮件在传输和接收过程中的安全。安全电子邮件证书主要有作为证书持有者的 CA 机构的签名、电子邮件地址和公开密钥等信息。

（2）安全终端保护。随着计算机网络技术的发展，电子商务的发展越来越快，在人们生活和生产中的应用越来越广泛，用户终端和数据的安全问题日益受到重视。为了避免终端数据信息的损坏或泄露，数字证书作为一种加密技术，可以用于终端数据信息的保护。

（3）代码签名保护。网络信息推广对很多用户来说，便捷又经济，但软件的安全是不确定的。比如，用户对软件进行分享时，软件的接收和使用过程中存在着很多不安全因素，即使软件供应商能够保证软件自身的安全性，但也无法抵制盗版软件和网络本身存在的不安全因素带来的不利影响。

（4）可信网站服务。我国网站的数量伴随着计算机网络技术的发展呈现出日益增长的趋势，其中的恶意网站、钓鱼网站和假冒网站也越来越多，这就增加了用户对它们识别的难度，一不小心就会将自身的数据信息泄露，严重影响了网络安全。

（5）身份授权管理。授权管理系统是信息系统安全的重要内容，对用户和程序提供相应的授权服务及授权访问和应用的方法，而数字证书必须通过计算机网络的身份授权管理后才能被应用。

（6）行业应用。2020年7月，河南省公共资源交易数字证书（CA）互认系统正式上线运行，河南省实现数字证书"一地办理、全省通用"，市场主体可凭"一枚数字证书跑遍整个互联网"。国家市场监督管理总局正式启用电子"国家标准物质定级证书"，并于2022年3月25日在标准物质定级鉴定系统中出具了第一份电子"国家标准物质定级证书"。

中国的证书颁发机构包括：中国金融认证中心（网址为 www.cfca.com.cn）、上海市数字证书认证中心（网址为 www.sheca.com）、天津市电子认证中心（网址为 www.tjca.org.cn）等。

CA认证中心一般可以提供域名证书、代码签名证书、个人证书、单位证书、VPN证书等。

### 4. 数字签名

数字签名又称公钥数字签名，是只有信息的发送者才能产生的别人无法伪造的一段数字串，这段数字串同时也是对信息的发送者发送信息真实性的一个有效证明。它是一种类似写在纸上的普通的物理签名，但是在使用了公钥加密领域的技术来实现的，用于鉴别数字信息的方法。一套数字签名通常定义两种互补的运算，一种用于签名，另一种用于验证。数字签名是非对称密钥加密技术与数字摘要技术的应用。

数字签名文件的完整性是很容易验证的（不需要骑缝章、骑缝签名，也不需要笔迹鉴定），而且数字签名具有不可抵赖性（不可否认性）。

简单地说，所谓数字签名，就是附加在数据单元上的一些数据，或是对数据单元所作的密码变换。这种数据或变换允许数据单元的接收者用以确认数据单元的来源和数据单元的完整性并保护数据，防止被人（如接收者）伪造。它是对电子形式的消息进行签名的一种方法，一个签名消息能在一个通信网络中传输。

5. 数字签名的特点

（1）鉴权。公钥加密系统允许任何人在发送信息时使用公钥进行加密，接收信息时使用私钥解密。当然，接收者不可能百分之百确信发送者的真实身份，而只能在密码系统未被破译的情况下才有理由确信。

（2）完整性。传输数据的双方都希望确认消息未在传输的过程中被修改。加密使得第三方想要读取数据十分困难，然而第三方仍然能采取可行的方法在传输的过程中修改数据。

（3）不可抵赖。在密文背景下，"抵赖"这个词指的是不承认与消息有关的举动（即声称消息来自第三方）。消息的接收方可以通过数字签名来防止所有后续的抵赖行为，因为接收方可以出示签名给别人看来证明信息的来源。

网络的安全，主要是网络信息安全，需要采取相应的安全技术措施，提供适合的安全服务。数字签名机制作为保障网络信息安全的手段之一，可以解决伪造、抵赖、冒充和篡改问题。

6. 数字签名的目的

数字签名的目的之一就是在网络环境中代替传统的手工签字与印章，有着重要作用：

（1）防冒充（伪造）；

（2）可鉴别身份；

（3）防篡改（防破坏信息的完整性）；

（4）防重放；

（5）防抵赖；

（6）机密性（保密性）。

数字签名是个加密的过程，数字签名验证是个解密的过程。

在我国，数字签名是具有法律效力的，正在被普遍使用。2000 年，我国新《合同法》首次确认了电子合同、电子签名的法律效力。2005 年 4 月 1 日起，我国首部《电子签名法》正式实施。

### 3.3.3.3 文件加密处理

1. 文件数据加密的概念

文件数据加密是将明文加密成密文后进行传输和存储，它主要用于防止信息在传输和存储过程中被非法用户阅读。

加密技术包括对称密钥体系和非对称密钥体系。

数据加密是一种历史悠久的技术，指通过加密算法和加密密钥将明文转变为密文，而解密则是通过解密算法和解密密钥将密文恢复为明文。其核心是密码学。

与防火墙配合使用的数据加密技术，是为提高信息系统和数据的安全性和保密性，防止秘密数据被外部破译而采用的主要技术手段之一。在技术上分别从软件和硬件两方面采取措施。按照作用的不同，数据加密技术可分为数据传输加密技术、数据存储加密技术、数据完整性鉴别技术和密钥管理技术。

### 2. 数据加密的术语

明文，即原始的或未加密的数据。

密文，即明文加密后的格式，是加密算法的输出信息。

密钥，是由数字、字母或特殊符号组成的字符串，用它控制数据加密、解密的过程。

加密，即把明文转换为密文的过程。

加密算法，即加密所采用的变换方法。

解密，即对密文实施与加密相逆的变换，从而获得明文的过程。

解密算法，即解密所采用的变换方法。

### 3. 加密技术

加密技术是一种防止信息泄露的技术。其核心技术是密码学。密码学是研究密码系统或通信安全的一门学科，它又分为密码编码学和密码分析学。

任何一个加密系统都是由明文、密文、算法和密钥组成的。发送方通过加密设备或加密算法，用加密密钥将数据加密后发送出去。接收方在收到密文后，用解密密钥将密文解密，恢复为明文。在传输过程中，即使密文被非法分子偷窃获取，得到的也只是无法识别的密文，从而起到数据保密的作用。

加密技术包括对称加密技术和非对称加密技术。

#### 1）对称加密技术

对称加密采用了对称密码编码技术，它的特点是文件加密和解密使用相同的密钥，即加密密钥也可以用作解密密钥，这种方法在密码学中叫作对称加密算法。对称加密算法使用起来简单快捷，密钥较短，且破译困难。除了数据加密标准（DES），另一个对称密钥加密系统是国际数据加密算法（IDEA），它比 DES 的加密性好，而且对计算机功能要求也没有那么高。IDEA 加密标准由 PGP（Pretty Good Privacy）系统使用。

2）非对称加密技术

1976 年，美国学者 Dime 和 Henman 为解决信息公开传送和密钥管理问题，提出一种新的密钥交换协议，允许在不安全的媒体上的通信双方交换信息，安全地达成一致的密钥，这就是公开密钥系统。相对于对称加密算法，这种方法也叫作非对称加密算法。与对称加密算法不同，非对称加密算法需要两个密钥：公开密钥（public key）和私有密钥（private key）。公开密钥与私有密钥是一对，如果用公开密钥对数据进行加密，只有用对应的私有密钥才能解密；如果用私有密钥对数据进行加密，那么只有用对应的公开密钥才能解密。因为加密和解密使用的是两个不同的密钥，所以这种算法叫作非对称加密算法。

RSA 算法是目前最有影响力的公钥加密算法，它由 Ron Rivest、Adi Shamir 和 Leonard Adleman 1977 年在麻省理工学院工作时一起提出的，RSA 就是他们三人姓氏开头字母拼在一起组成的。

RSA 算法解决了对称算法的安全性依赖于同一个密钥的缺点。不过，RSA 算法在计算上相当复杂，性能欠佳、远远不如对称加密算法。因此，一般在实际情况下，往往通过非对称加密算法来随机创建临时的对称密钥，然后通过对称加密来传输数据。

DSA（Digital Signature Algorithm，数字签名算法）是 Schnorr 和 ElGamal 签名算法的变种，基于模算数和离散对数的复杂度。美国国家标准技术研究所（NIST）于 1991 年提出将 DSA 用于其 DSS（Digital Signature Standard，数字签名标准），并于 1994 年将其作为 FIPS 186 采用。与 RSA 算法使用公钥加密、私钥解密的方式不同，DSA 使用私钥对数据进行加密生成数字签名，然后使用公钥解密后的数据和原数据进行对比，以验证数字签名。数字签名提供信息鉴定（接收者可以验证消息的来源）、完整性（接收方可以验证消息自签名以来未被修改）和不可否认性（发送方不能错误地声称其没有签署消息）。

4. 文件加密方法

第一，利用压缩软件进行加密，鼠标右键点击文件，将文件添加至压缩文件中，在弹窗中选择"设置密码"，然后设置加密密码，点击"确定"就可以了。

我们需要使用文件时，可以双击压缩包，然后点击文件记录，输入密码即可。还可以将文件分类放入文件夹中，利用上述方法压缩加密文件夹，以达到批量加密文件夹的目的。

这种加密方法很简单，但是安全性不高。首先是压缩包可以被删除、复制、移动，很容易被盗取。其次是加密强度不高，可以利用特殊工具进行暴力破解。最后是遇到大文件时，加密时间会十分漫长。

所以，该方法适合加密一些不常用且不重要的文件。

第二，使用 Windows 加密，就是使用 Windows 系统中的加密功能。

第三，可以将各类文件分类存放在文件夹中，利用文件夹加密超级大师的"文件夹加密"功能，选择"全面加密"，将文件夹整体加密。这样加密的优点是，打开各个文件夹不需要密码，但打开文件夹中的每个文件则需要输入密码。各个文件之间不会相互影响，还可以进行全面解密，十分方便。

这样加密后的文件夹十分安全，没有正确密码无法解密，可以完美地保护文件的安全。

# 3.4 项目实施

## 🔍 任务 3-1 文件真实性检验工作流程

任务描述

小李在某单位办公室工作，通过单位内网从上级部门网站下载了文件电子档压缩包。为检验文件的真实性，小李要求对方部门文件管理人员通过内部通信手机发送该压缩包的 MD5 校验码。

通过校验码的比对，检验文件的真实性。

任务实施

（1）启动 Hash 检测工具（见图 3-2）。

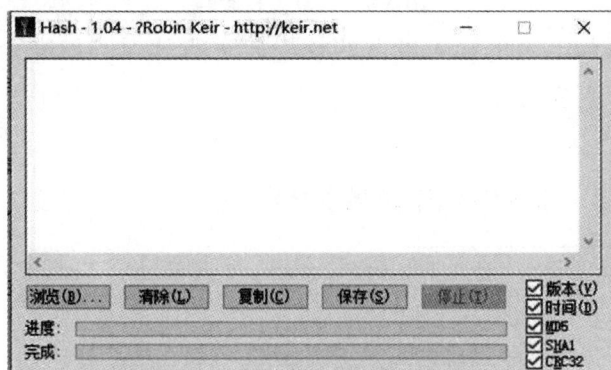

图 3-2 启动 Hash 检测工具

（2）把接收到的文件直接拖入对话框，或点击"浏览"图标，启动下级对话框，打开文件接收文件夹，点击文件（见图 3-3）打开。此例为"552288.rar"

图 3-3　点击文件

（3）Hash 软件会自动计算出校验码（见图 3-4）。标记部分为校验码。

图 3-4　计算出校验码

（4）将校验码与上级单位同事发的校验码进行比对。如完全匹配，则表明文件未被修改破坏，真实可靠。

## 任务 3-2　文件加密简要操作

任务描述

小李在某单位办公室工作，平时有很多涉密文件需要管理，为进一步保障安全，他决定选择一款文件加密软件来管理需保密的文件夹。他通过能上网的电脑下载了某加密软件，并按照保密工作要求检测了安全性后，安装到了办公计算机上。

**任务实施**

（1）启动某加密软件（见图 3-5），选定需加密的文件夹，点击"超级加密"选项图标。

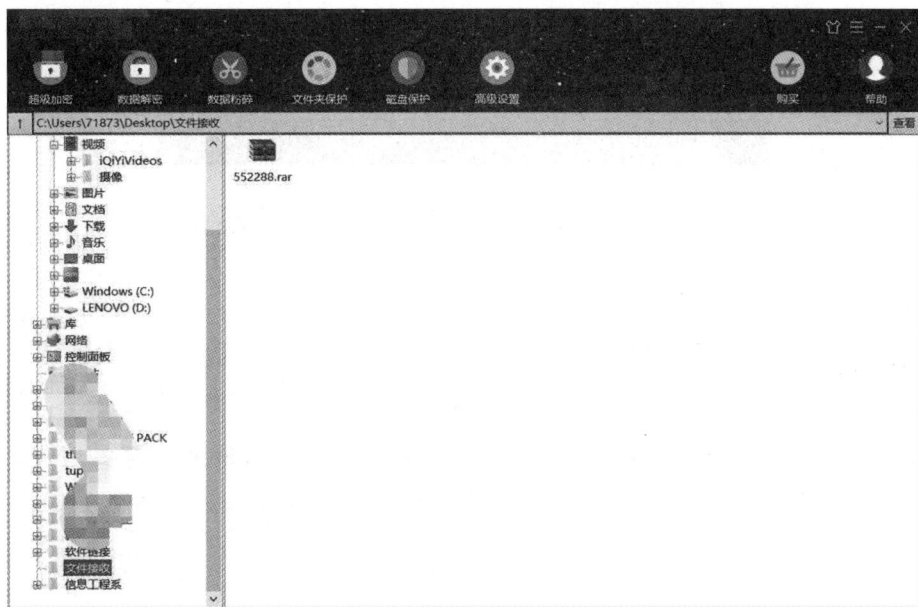

图 3-5　启动某加密软件

（2）在弹出的对话框（见图 3-6）中，按提示输入加密密码。

图 3-6　弹出的对话框

（3）加密软件会自动加密（见图 3-7）。

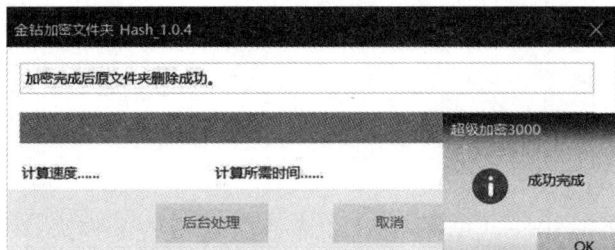

**图 3-7 自动加密**

（4）点选加密文件夹打开。会提示输入密码，输入密码（见图 3-8）后可以正常访问。

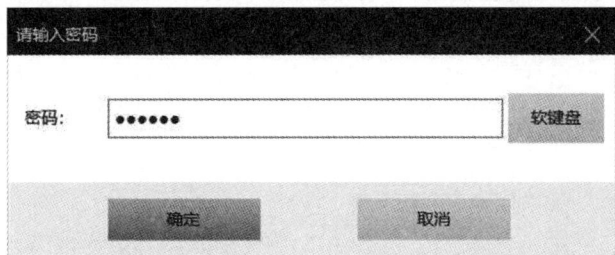

**图 3-8 输入密码**

**注**：有些加密软件会需要磁盘空间在解密时加载虚拟镜像，需要预留充足的硬盘空间来完成。具体情况不同软件各异，可以按软件提示完成安装设定。

# 3.5 课程思政：网络空间主权

网络空间主权，是指一个国家在建设、运营、维护和使用网络，以及在网络安全的监督管理方面所拥有的自主决定权。网络空间主权是国家主权的重要组成部分，是国家主权在网络空间的体现和延伸。尊重网络空间主权，是维护网络空间安全的重要前提。

2020 年 9 月，中国发起的《全球数据安全倡议》，成为数字安全领域首个由国家发起的全球性倡议，聚焦全球数字安全治理领域核心问题。之后，世界互联网大会组委会又发布《携手构建网络空间命运共同体行动倡议》，呼吁坚持共商共建共享的全球治理观，把网络空间建设成为造福全人类的发展共同体、安全共同体、责任共同体、利益共同体。

习近平总书记在 2014 年主持召开中央网络安全和信息化领导小组第一次会议时，深刻揭示了网络安全与信息化的关系：网络安全和信息化是一体之两翼、驱动之双轮，必须统一谋划、统一部署、统一推进、统一实施。做好网络安全和信息化工作，要处理好安全和发展的关系，做到协调一致、齐头并进，以安全保发展、以发展促安全，努力建久安之势、成长治之业。

# 3.6 拓展提升："密码法"的法纪责任

违反《密码法》的行为承担民事责任的方式，可以单独适用，也可以合并适用。

民事责任，是指平等主体之间，一方当事人违反《合同法》《侵权责任法》等民事法律，向另一方承担的法律责任，主要是补偿当事人的损失。在法律允许的条件下，民事责任可以由当事人协商解决。《民法总则》第一百七十九条规定，承担民事责任的方式主要有：① 停止侵害；② 排除妨碍；③ 消除危险；④ 返还财产；⑤ 恢复原状；⑥ 修理、重作、更换；⑦ 继续履行；⑧ 赔偿损失；⑨ 支付违约金；⑩ 消除影响、恢复名誉；⑪ 赔礼道歉。法律规定惩罚性赔偿的，依照其规定。本条规定的承担民事责任的方式，可以单独适用，也可以合并适用。

密码管理部门和有关部门、单位的工作人员在密码工作中滥用职权、玩忽职守、徇私舞弊，或者泄露、非法向他人提供在履行职责中知悉的商业秘密和个人隐私的，依法给予处分。

处分分为行政处分和党纪处分两种。所谓行政处分，是指国家机关对所属的国家工作人员的违法失职行为，依照有关法律、法规的规定做出的惩戒，具体包括警告、记过、记大过、降职、撤职、开除六种方式。所谓党纪处分，是指党的组织对党员违反党纪的行为，依照有关党内法规的规定做出的惩戒，具体包括警告、严重警告、撤销党内职务、留党察看、开除党籍五种方式。

**思考题**

(1) 威胁数据安全的主要因素是什么？

(2) 请列举 2 个以上国内厂家提供的云备份平台？

(3) 创建一个普通管理员用户的过程是什么？

(4) 保护账号安全的举措有哪些？

(5) 文件加密处理常用术语有哪些？用字符串控制数据加密、解密的过程是什么？

(6) 常用的加密方法有哪些？

# 基础系统安全管控

## 4.1 项目导入

信息化建设历程中，会根据信息化工作的需要，部署和安装一系列信息化系统。不同信息化系统在软件层面会对操作系统、数据库系统等有不同的安全管控需求。在信息化系统部署规划中，相关系统的安全管控会有明显不同于普通场景下系统安全管控的要求，在面对针对信息化管理业务需求而开发部署的不同信息化系统时，最基础的系统安全管控是我们重点关注的对象。

不管是部署哪种信息化系统，必然涉及最基础的系统平台，因而基础系统安全管控是我们首先需要规划的安全重点。在基础系统安全管控中，信息化系统管控需重点对操作系统的安全管控、数据库的安全管控、安防监控系统的安全管控加强管理。所有其他信息化系统平台、日常信息安全管控都与基础系统安全管控息息相关。只有完善基础系统安全管控，才能保证整体信息化系统的安全运转。

## 4.2 能力目标和要求

基础系统安全管控是保证其他功能性信息化平台正常运转发挥作用的关键。了解系统安全管控的基本原理和保障要求，在实践应用中更好把握系统安全管控的要求，部署和规划好相关安全管控举措和技术手段至关重要。

学习完本项目，应达到以下能力目标和要求。

（1）了解基础信息化系统的基本概念和主要内容。

（2）了解操作系统安全管控的内容和技术要求。

（3）了解操作系统安全评估标准及评估内容。

（4）掌握 Windows 操作系统安全管控操作流程。

（5）掌握 Linux 操作系统安全管控操作流程。

（6）掌握数据库系统的安全管控操作流程和要求。

# 4.3　知识概念

## 🔍 4.3.1　智慧安防及其应用

### 4.3.1.1　智慧安防相关概念

智慧安防是指利用人工智能、云计算、大数据等现代信息技术手段，对安全防范进行全方位的监控、预警、防控、处置等，使得人们的生活更加安全、方便和舒适。

智慧安防的主要目标是通过集成各种先进技术和设备，实现对安全防范的全面监控和预警，提高安全防范的效率和精度，从而保障人们的人身安全和财产安全。

智慧安防的应用范围非常广泛，包括家庭、社区、学校、医院、公共场所等各个领域。它可以应用于各种安全场景，如人脸识别、车辆监控、智能报警、智能家居等。

智慧安防的优势在于其智能化、自动化、高效化和精准化。它可以自动识别各种安全隐患和危险因素，及时发出预警和报警，并自动采取相应的处置措施，从而大大提高了安全防范的效率和精度。智能安防系统可以简单理解为：图像的传输和存储、数据的存储和处理准确而选择性操作的技术系统。就智能化安防系统来说，一个完整的智能安防系统主要包括门禁、报警和监控三大部分。智能安防与传统安防的最大区别在于智能化。我国安防产业发展很快，也比较普及，但是传统安防对人的依赖性比较强，非常耗费人力，而智能安防能够通过机器实现智能判断，从而尽可能实现人想做的事。

智慧安防主要有以下特征。

（1）基础建设注重统筹布局，并以此建立信息全感知体系。

（2）业务应用强调全覆盖，以实现业务协同及信息共享为目标。

（3）智能应用突出实用管用，以系统联动和自动化管理提升管理效率。

（4）数据分析追求提前预警，以此辅助科学决策。

### 4.3.1.2　安全防范技术环节

安全防范按照信息处理逻辑可分为"感、传、知、行"四个环节。

（1）感：利用泛在化的末端设备，感知识别重要信息。

（2）传：与网络系统实现互联互通，保障数据可靠传输。

（3）知：对数据进行智能分析研判，深入挖掘系统规律。

（4）行：系统及时反应并与相关系统协同运作，有效处理各类事件。

### 4.3.1.3　安全防范视频监控系统

安全防范视频监控系统的架构主要分为以下三层。

（1）前端层：采集信息和实时监测。

（2）边缘层：对前端接入的部分视频流、图片流进行人脸识别比对，实现结构化属性分析识别与存储。

（3）分析层：建设动态比对识别系统和静态人像系统，将采集的数据接入系统进行分析和管理。网络化、无线化、远程监控是当前监控行业发展的主要方向。

安全防范视频监控系统包括行为检测报警和行为监控。

（1）安全防范视频监控系统之行为检测报警：场舍行为检测、操场行为检测、烟火检测（检测区域内出现的烟火）、周界安全检测、智能定位、食堂行为检测、场舍通道宵禁时间段超过场舍指定人数、值班室人员脱岗。

（2）安全防范视频监控系统之行为监控：周界、大门、栅栏区域（栅栏、栅栏顶部）、操场、楼层内部、走廊、会见区、教室。

### 4.3.1.4　安全防范视频监控工作发展趋势

众所周知，驱动 AI 产业的三驾马车分别是算法、算力、数据。

大数据是深度学习训练的必要条件，拥有的数据越多，算法就越精准。迫切需要在海量视频信息中，发现犯罪嫌疑人的线索，建设涵盖环境监控、出入管理、巡检管理的应用系统等。

#### 1. 后视频监控时代将迎来物联网防控

除了视频数据之外，Wi-Fi、电子车牌等不同维度的物联网信息都可以关联到一起，通过丰富的数据类型，来共同碰撞出更有价值的信息。随着数据类型的不断丰富和数据库的壮大，要求数据融合的能力更强、分析应用更智能。

## 2. 移动视频监控信息采集需求将不断提高

当前阶段的视频监控更多是采用固定点位进行视频数据的采集，随着车辆移动监控、智能安防机器人以及可穿戴式监控设备的出现，未来移动监控的应用也将成为一大趋势。

## 3. 随着5G时代到来，不同应用场景内的融合通信能力随之增强

三维图像建模，即通过视频监控画面与三维图像组合。这种应用或将成为未来指挥中心可视化指导调度的一个新方向。

## 🔍 4.3.2 操作系统安全

### 4.3.2.1 操作系统安全的定义

操作系统安全是指该系统能够控制外部对系统信息的访问。

只有经过授权的用户或者进程才能够对信息资源进行相应的读、写、执行等操作，保护合法用户对授权资源的使用，防止非法入侵者对系统资源的侵占与破坏。

操作系统安全的特点如下。

（1）操作系统在设计时通过权限访问控制、信息加密性保护、完整性鉴定等机制实现安全保障；

（2）操作系统在使用中通过一系列的配置，保证操作系统尽量避免由于实现时的缺陷或应用环境因素而产生的不安全因素。

### 4.3.2.2 操作系统安全的主要目标

（1）按系统安全策略对用户的操作进行访问控制，防止用户对计算机资源的非法使用，主要包括窃取、篡改和破坏。

（2）标识系统中的用户，并对身份进行鉴别。

（3）监督系统运行的安全性。

（4）保证系统自身的安全性和完整性，主要包括内存保护、文件保护、普通实体保护和存取鉴别等。

### 4.3.2.3 网络操作系统

网络操作系统是为使网络用户方便和有效地共享网络资源而提供各种服务的

软件及相关规程，它是整个网络的核心，通过对网络资源的管理，使网上用户能方便、快捷、有效地共享网络资源。

网络操作系统是建立在计算机操作系统基础上用以扩充网络功能的系统。

常见的网络操作系统主要包括 Windows Server 系列、Unix 和 Linux 等。

### 4.3.2.4  计算机系统安全评估标准

#### 1. 信息系统安全评估标准

信息系统安全评估标准是信息安全评估的行动指南。

可信的计算机系统安全评估标准（Trusted Computer System Evaluation Criteria，简称 TCSEC）由美国国防部于 1985 年公布，是计算机系统安全评估的第一个正式标准。

它把计算机系统的安全分为 4 类 7 个级别，对用户登录、授权管理、访问控制、审计跟踪、隐蔽通道分析、可信通道建立、安全检测、生命周期保障、文档写作、用户指南等内容提出了规范性要求。

具体的对应级别，如表 4-1 所示。

表 4-1  具体的对应级别

| 级别 | 系统的安全可信性 | 名称 |
| --- | --- | --- |
| D | 最低安全性，没有安全性 | 低级保护 |
| C1 | 自主存储控制 | 自主安全保护 |
| C2 | 较完善的自主存取控制（DAC）、审计 | 受控存储控制 |
| B1 | 强制存取控制（MAC） | 标识的安全保护 |
| B2 | 良好的结构化设计、形式化安全模型，较好的抗渗透能力 | 结构化保护 |
| B3 | 全面的访问控制、可信恢复 | 安全区域 |
| A1 | 形式化认证，最高安全级别 | 验证设计 |

国内的安全评估标准有中华人民共和国国家标准《计算机信息系统安全保护等级划分准则》（GB 17859—1999）。

该标准于 1999 年 9 月由公安部主持制定、国家质量技术监督局发布，它是建立信息系统安全等级保护、实施安全等级管理的重要基础性标准。

该标准将计算机信息系统安全保护等级划分为以下五个级别。

第一级：用户自主保护级。

第二级：系统审计保护级。

第三级：安全标记保护级。

第四级：结构化保护级。

第五级：访问验证保护级。

具体的对应关系，如表 4-2 所示。

表 4-2  具体的对应关系

| 项目 | | 内容 |
|---|---|---|
| 第一级 | 用户自主保护级 | 本级的计算机信息系统可信计算基通过隔离用户与数据，使用户具备自主安全保护的能力。它具有多种形式的控制能力，对用户实施访问控制，即为用户提供可行的手段，保护用户和用户组信息，避免其他用户对数据的非法读写与破坏 |
| 第二级 | 系统审计保护级 | 与用户自主保护级相比，本级的计算机信息系统可信计算基实施了粒度更细的自主访问控制，它通过登录规程、审计安全性相关事件和隔离资源，使用户对自己的行为负责 |
| 第三级 | 安全标记保护级 | 本级的计算机信息系统可信计算基具有系统审计保护级所有功能。此外，还提供有关安全策略模型、数据标记以及主体对客体强制访问控制的非形式化描述；具有准确地标记输出信息的能力；消除通过测试发现的任何错误 |
| 第四级 | 结构化保护级 | 本级的计算机信息系统可信计算基建立于一个明确定义的形式化安全策略模型之上，它要求将第三级系统中的自主和强制访问控制扩展到所有主体与客体。此外，还要考虑隐蔽通道。本级的计算机信息系统可信计算基必须结构化为关键保护元素和非关键保护元素。计算机信息系统可信计算基的接口也必须明确定义，使其设计与实现能经受更充分的测试和更完整的复审。加强了鉴别机制；支持系统管理员和操作员的职能；提供可信设施管理；增强了配置管理控制。系统具有相当的抗渗透能力 |
| 第五级 | 访问验证保护级 | 本级的计算机信息系统可信计算基满足访问监控器需求。访问监控器仲裁主体对客体的全部访问。访问监控器本身是抗篡改的；必须足够小，能够分析和测试。为了满足访问监控器需求，计算机信息系统可信计算基在其构造时，排除那些对实施安全策略来说并非必要的代码；在设计和实现时，从系统工程角度将其复杂性降低到最小限度。支持安全管理员职能；扩充审计机制，当发生与安全相关的事件时发出信号；提供系统恢复机制。系统具有很高的抗渗透能力 |

### 2. 安全操作系统的研究发展

操作系统的安全性在计算机信息系统的整体安全性中具有至关重要的作用。没有操作系统提供的安全性,信息系统的安全性是没有基础的。

1995 年,在国家"八五"科技攻关项目中研发出了"COSA 国产系统软件平台"。

1996 年,中国国防科学技术工业委员会发布了《军用计算机安全评估准则》(GJB 2646—96),它与美国 TCSEC 基本一致。

中国科学院信息安全技术工程研究中心基于 Linux 资源,开发完成了符合我国 GB 17859—1999 第三级(相当于美国 TCSEC B1)安全要求的安全操作系统 SecLinux。

中国科学院软件研究所开放系统与中文信息处理中心研发了红旗 Linux 操作系统。

国防科技大学、总参第 56 所等单位也开展了安全操作系统的研究与开发工作,推出了麒麟操作系统。

## 4.3.3　Linux 操作系统安全解决方案

Linux 继承了 Unix 以网络为核心的设计思想,是一个性能稳定的多用户网络操作系统。

### 4.3.3.1　Linux 操作系统安全解决方案

Linux 操作系统安全解决方案,包括以下几个方面:① 账号;② 授权;③ 口令;④ 安全补丁;⑤ 日志;⑥ 关闭不必要的服务。

#### 1. 账号

(1)应按照不同的用户分配不同的账号,避免不同用户间共享账号;

(2)应避免用户账号和设备间通信使用的账号共享;

(3)应删除与运行、维护等工作无关的账号;

(4)应删除过期账号。

#### 2. 授权

在设备权限配置能力内,根据用户的业务需要,配置其所需的最小权限。

### 3. 口令

对于采用静态口令认证技术的设备，口令长度至少 8 位，并包括数字、小写字母、大写字母和特殊符号 4 类中至少 3 类；账户口令的生存期一般不超过 90 天，最长不超过 180 天。

### 4. 安全补丁

在保证业务可用性的前提下，经过分析测试后，可以选择更新使用最新版本的补丁。

### 5. 日志

设备应配置日志功能，对用户登录进行记录。

### 6. 关闭不必要的服务

应关闭不必要的服务。

## 4.3.3.2 Linux 操作系统安全账号防护

第一，为不同的用户分配不同的账号，避免不同用户或者不同设备共享账号。操作指南如下。

（1）为用户创建账号：

```
# useradd   创建账户
# passwd user   设置账户
```

（2）修改权限：

```
# chmod 750 directory
```

750 为设置的权限，可根据实际情况设置相应的权限，directory 是要更改权限的目录。

第二，删除或锁定与设备运行、维护等工作无关的账户，删除过期账户。

操作指南：

```
# userdel   删除账户
```

第三，根据系统要求及用户的业务需求，建立多账户组，将账户分配到相应的账户组。

操作指南：

```
# cat /etc/passwd
# cat /etc/group
```

通过人工分析判断的方法，检查用户是否被分配到相应的账户组。

### 4.3.3.3　Linux 操作系统安全授权防护

第一，根据用户的业务需要，配置其所需的最小权限。

操作方法如下。

通过 chmod 命令对目录的权限进行实际设置。使用如下命令：

```
# chmod 644 /etc/passwd
# chmod 600 /etc/shadow
# chmod 644 /etc/group
```

实现结果如下：

```
# /etc/passwd  必须所有用户都可读，root 用户可写 -rw-r—r—
# /etc/shadow  只有 root 可读 -r—
# /etc/group  必须所有用户都可读，root 用户可写 -rw-r—r—
```

第二，控制用户缺省访问权限，在创建新文件或目录时，应屏蔽掉新文件或目录不应有的访问允许权限，防止同属于该组的其他用户及其他组的用户修改该用户的文件或更高限制。

操作指南如下。

（1）设置默认权限：

```
vim /etc/login.defs  在末尾增加 umask 027，将缺省访问权限设置为 750
```

（2）修改文件或目录的权限：

```
# chmod 444 directory  修改目录 dir 的权限为所有人都为只读
```

根据实际情况设置权限。

### 4.3.3.4 Linux 操作系统安全口令防护

第一，对于采用静态口令认证技术的设备，口令长度至少 8 位，并包括数字、小写字母、大写字母和特殊符号 4 类中至少 3 类。

操作指南：

```
vim /etc/login.defs
```

修改设置：

```
PASS_ MIN_ LEN= 8   设定最小用户密码长度为 8 位
```

第二，对于采用静态口令认证技术的设备，账户口令的生存期一般不长于 90 天，最长不超过 180 天。

操作指南：

```
vi/etc/login.defs
PASS_ MAX_ DAYS= 90   设定口令的生存期不长于 90 天
```

### 4.3.3.5 Linux 操作系统安全日志防护

系统日志文件由 syslog 创立并且不可被其他用户修改；其他的系统日志文件不是全局可写。

操作指南：

```
# ls-l /var/log/messages、/var/log/secure、/var/log/maillog、/
var/log/cron、/var/log/spooler、/var/log/boot.log   使用 ls-l 命令依次
检查系统日志的读写权限
```

### 4.3.3.6 Linux 操作系统安全补丁防护

在保证业务可用性的前提下，经过分析测试后，可以选择更新使用最新版本的补丁。

看版本是否为最新版本，执行下列命令，查看版本及大补丁号：

```
# uname-a
```

## 🔍 4.3.4 数据库安全

### 4.3.4.1 数据库安全的定义

数据库安全是指数据库的任何部分不允许受到侵害或未经授权的存取和修改。

### 4.3.4.2 数据库安全的类型

数据库安全的类型主要包括以下两种。

#### 1. 数据库系统的安全

系统级控制数据库的存取和使用机制，应尽可能地修复潜在的各种漏洞，防止非法用户利用这些漏洞侵入数据库系统，保证数据库系统不因软硬件故障及灾难的影响而使系统不能正常运行。

#### 2. 数据库数据的安全

对象级控制数据库的存取和使用机制，哪些用户可存取指定的模式及在对象上允许有哪些操作类型。

### 4.3.4.3 数据库安全中数据被威胁的途径

获取、修改和损坏业务数据的威胁途径，主要包括以下三个方面。

#### 1. 自然灾害因素

（1）地震，洪水；
（2）火灾或其他重大灾害等不可抗力。

#### 2. 人为因素

（1）病毒、人为攻击、非法侵入；
（2）合法用户的误操作或有意操作。

#### 3. 系统和设备因素

（1）网络和硬件；

（2）应用系统和软件平台。

### 4.3.4.4 数据库安全威胁

常见的数据库安全威胁包括以下五个方面：

（1）过多的、不适当的和未使用的特权；

（2）权限滥用；

（3）Web应用程序安全性不足；

（4）审计线索不足；

（5）不安全的存储介质。

### 4.3.4.5 数据库安全管理原则

#### 1. 管理细分与委派原则

数据库管理员一般都是独立执行数据库的管理和其他事务性工作，使自身可以更多地关注数据库执行效率和管理相关问题。

#### 2. 最小权限原则

从需求和工作职能两方面严格限制对数据库的访问。

#### 3. 账号安全原则

账号的设立要遵循传统的用户账号管理方法进行安全管理。

#### 4. 有效审计原则

用来监控用户对数据库实施的操作。

### 4.3.4.6 数据库安全重要性

据不完全统计，超过78%的敏感数据存在数据库中，98%的敏感数据获取的行为和途径与数据库服务器相关。

中国的信息安全等级保护标准源于国标，总体确定网络，数据库等方面安全标准，其中数据库安全等级保护标准定义为五级保护，数据容灾备份等级保护标准分为六个等级。

### 4.3.4.7 数据备份与恢复的要求

网络安全等级保护制度，从1.0上升到2.0的分界线是以什么为标志呢？其标志就是《中华人民共和国网络安全法》的实施。

等级保护 2.0 标准，已于 2019 年 12 月 1 日正式实施，即《信息安全技术 网络安全等级保护基本要求》（GB/T 22239—2019）。

等级保护 1.0 标准确定了信息安全等级保护是基本制度、基本国策。等级保护 2.0 确定了网络安全等级保护制度是国家网络安全的基本制度、基本国策。

等级保护 2.0 标准中对数据备份与恢复的要求，具体包括以下三个方面。

（1）本地的备份和恢复是基础。

（2）等级越高，对数据和业务的连续性要求越高，除了备份之外，还要有数据和业务系统的本地高可用和异地容灾手段。

（3）备份的内容包括重要业务数据、系统数据及软件系统。

业务数据是指业务应用程序运行所产生的数据，包括数据库、文档、图像、影像等。

系统数据是指操作系统和应用系统在运行时所需要的配置信息，包括应用程序及配置文件、中间件配置文件、数据库系统备份、操作系统配置信息等。

软件系统是指为满足业务需要所运行的软件，包括操作系统、应用软件等。

## 4.3.5 MySQL 数据库安全解决方案

### 4.3.5.1 MySQL 数据库安全

**1. 账号**

（1）应按照用户分配账号，避免不同用户间共享账号；

（2）应删除或锁定与数据库运行、维护等工作无关的账号；

（3）删除过期账号。

**2. 授权**

在数据库权限配置能力内，根据用户的业务需要，配置其所需的最小权限。

**3. 口令**

对于采用静态口令进行认证的数据库，口令长度至少 8 位，并包括数字、小写字母、大写字母和特殊符号 4 类中至少 3 类。

### 4. 日志

数据库应配置日志功能。

### 5. 安全补丁

在保证业务可用性的前提下，经过分析测试后，可以选择更新使用最新版本的补丁。

### 6. 可信任 IP 地址访问控制

通过数据库所在操作系统或防火墙限制，只有信任的 IP 地址才能通过监听器访问数据库。

## 4.3.5.2 MySQL 数据库安全账号的防护

第一，以普通账户安全运行 MySQL，禁止 MySQL 以管理员账号权限运行。
操作指南：

```
Linux 下可以通过在 /etc/my.cnf 中设置：
[mysql.server]
user= mysql
```

第二，应按照用户分配账号，避免不同用户间共享账号，删除过期账号。
操作指南如下。
创建用户：

```
 insert into mysql.user（Host, User, Password, ssl_ cipher, x509_
issuer, x509_ subject）values（"localhost"，"phplamp"，authentication
_ string（" passwd"），"，"，"）;
```

这样就创建了一个名为 phplamp、密码为 1234 的用户。
然后登录一下：

```
mysql> exit;
> mysql -u phplamp -p1234
> mysql> 登录成功
```

第三，应删除或锁定与数据库运行、维护等工作无关的账号（测试账户、共享账号、长期不用账号等）。

操作指南：

```
select user () ;
```

在 MySQL 中输入该命令语句可以查看所有用户。

依次检查所列出的账户是否为必要账户，删除无用账户或过期账户：

```
DROP USER;          用于删除一个或多个 MySQL 账户
DROP USER user;     用于取消一个账户（user）和其权限
```

### 4.3.5.3　MySQL 数据库安全的授权

在数据库权限配置能力内，根据用户的业务需要，配置其所需的最小权限。

合理设置用户权限，撤销危险授权。

查看数据库授权情况：

```
mysql> use mysql;
mysql> select *  from user;
mysql> select *  from db;
mysql> select *  from host;
mysql> select *  from tables_ priv;
mysql> select *  from columns_ priv;
```

回收不必要的或危险的授权，可以执行 revoke 命令：

```
mysql> help revoke
```

### 4.3.5.4　MySQL 数据库安全口令的防护

检查账户默认密码和弱密码。

检查本地密码：密码长度至少 8 位，并包括数字、小写字母、大写字母和特殊符号 4 类中至少 3 类。输入如下语句：

```
mysql> use mysql;
mysql> select Host, User, authentication_ string, Select_ priv,
Grant_ priv from user;
```

修改账户弱密码。如要修改密码，执行如下命令：

```
mysql> update user set password= password ('T! A3') where user= '
root';
mysql> flush privileges; # 该语句可以删除来自所有授权表的账户权限
记录。
```

## 4.3.5.5　MySQL 数据库安全日志的防护

数据库应配置日志功能。

MySQL 有以下几种日志。

错误日志：-log-err。

查询日志：-log（可选）。

慢查询日志：-log-slow-queries（可选）。

更新日志：-log-update。

二进制日志：-log-bin。

找到 MySQL 的安装目录，在 my.ini 配置文件中增加上述所需的日志类型参
数，保存配置文件后，重启 MySQL 服务即可启用日志功能。例如：

```
# Enter a name for the binary log. Otherwise a default name will be
used.
# log-bin=
# Enter a name for the query log file. Otherwise a default name will
be used.
# log=
# Enter a name for the error log file. Otherwise a default name will
be used.
log-error=
# Enter a name for the update log file. Otherwise a default name will
be used.
# log-update=
```

#### 4.3.5.6　MySQL 数据库安全的安全补丁

在保证业务可用性的前提下，经过分析测试后，可以选择更新使用最新版本的补丁。

下载并安装最新 MySQL 安全补丁：

```
mysql> SELECT VERSION ()    使用该命令查看当前补丁版本：
```

### 4.3.6　安防监控系统安全

安防监控系统涉及的领域非常广泛，通常包括综合布线、视频监控、周界报警、高压电网、门禁、紧急报警、巡更、对讲、公共广播、会见录音、监管信息等十多个子系统。从近年来看，虽然安防监控系统在智能化方面取得了一定的进展，但由于多方面的原因，仍存在亟待改进的问题。一直以来，上述提到的各个子系统都是独立运行的，信息不能共享，相互之间没有关联，形成了信息孤岛。一旦出现紧急事件，各系统之间无法及时联动，监控图像和其他安防资源不能共享，造成管理方不能直观对应，无法快速、高效地发挥预警和防范的作用。事后也难以统一核对和查找记录信息之间的相关性，浪费人力、物力，造成了管理效率的低下。

计算机、通信、多媒体和控制技术的快速发展和普及正在改变这一现状。借助网络化带来的开放性、扩展性以及可管理性，现代智慧安防已经能够以监控图像资源为核心，实现周界报警、高压电网、紧急报警、巡更、门禁、对讲、公共广播、会见录音、监管信息等安防资源的整合与集成，并通过上层综合管理系统的统一协调，实现各子系统间的资源共享与信息互通，从而达到了管理便捷性、数据直观性、系统智能安全性等目的。

因此，安防监控系统未来发展的方向应该是数字化集成、网络化和智能化。从以往的人工判断升级为自动判断并处理，减轻了值班人员的工作量。

#### 4.3.6.1　安防监控系统

安防监控系统是应用光纤、同轴电缆或微波在其闭合的环路内传输视频信号，并从摄像到图像显示和记录构成独立完整的系统，能实时、形象、真实地反映被监控对象，可以在恶劣的环境下代替人工进行长时间监视，通过录像机记录下来。

1. 视频安防监控系统

视频安防监控系统（VSCS），是指利用视频探测技术监视设防区域并实时显示、记录现场图像的电子系统或网络。

视频安防监控系统主要包含前端设备、传输设备、控制设备和显示设备。

1）前端设备

前端设备实现模拟视频的拍摄，探测器报警信号的产生，云台、防护罩的控制，报警输出等功能。主要包括摄像头、电动变焦镜头、室外红外对射探测器、双鉴红外探测器、温湿度传感器、云台、防护罩、解码器、警灯、警笛等设备（设备使用情况根据用户的实际需求配置）。摄像头通过内置 CCD 及辅助电路将现场情况拍摄成为模拟视频电信号，经同轴电缆传输。电动变焦镜头将拍摄场景拉近、推远，并实现光圈、调焦等光学调整。温度、湿度传感器可探测环境温度、湿度，从而控制防护罩内温度、湿度以适合摄像机工作环境。云台可实现拍摄角度的水平和垂直调整。解码器是云台、镜头控制的核心设备，通过它可实现使用微机接口经过软件控制镜头、云台。

2）传输设备

这里介绍的传输设备主要由同轴电缆组成。传输设备要求对前端摄像机摄录的图像进行实时传输，同时要求传输损耗小，具有可靠的传输质量，图像在录像控制中心能够清晰还原显示。

3）控制设备

控制设备是安防监控系统的核心，它完成模拟视频监视信号的数字采集、MPEG-1压缩、监控数据记录和检索、硬盘录像等功能。它的核心单元是采集、压缩单元，它的通道可靠性、运算处理能力、录像检索的便利性直接影响到整个系统的性能。控制设备是实现报警和录像记录进行联动的关键部分。

4）显示设备

显示设备实现在系统显示器或监视器屏幕上的实时监视信号显示和录像内容的回放及检索。系统支持多画面回放，所有通道同时录像，系统报警屏幕、声音提示等功能。它既兼容了传统电视监视墙一览无余的监控功能，又大大降低了值守人员的工作强度，并提高了安全防卫的可靠性。终端显示部分实际上还完成了另外一项重要工作——控制。这种控制包括摄像机云台、镜头控制，报警控制，报警通知，自动、手动设防，防盗照明控制等功能，用户只需要在系统桌面点击鼠标进行操作即可。

### 2. 其他相关预警和配套系统

其他相关预警和配套系统包括但不限于以下几种。

#### 1) 防盗报警

在重要出入口、楼梯口安装主动式红外探头，进行布防，在监控中心值班室（监控室）安装报警主机，一旦某处有人越入，探头即自动感应，触发报警，主机显示报警部位，同时联动相应的探照灯和摄像机，并在主机上自动切换成报警摄像画面，报警中心监控用计算机弹出电子地图并作报警记录，提示值班人员处理，大大加强了保安力度。报警防范系统是利用主动红外移动探测器将重要通道控制起来，并连接到管理中心的报警中心，当在非工作时间内有人员从非正常入口进入时，探测器会立即将报警信号发送到管理中心，同时启动联动装置和设备，对入侵者进行警告，可以进行连续摄像及录像。

在外围安装电子围栏，电子围栏是最先进的周界防盗报警系统，它由高压电子脉冲主机和前端探测围栏组成。高压电子脉冲主机用于产生和接收高压脉冲信号，在前端探测围栏处于触网、短路、断路状态时能产生报警信号，并把入侵信号发送到安全报警中心。前端探测围栏是由杆及金属导线等构件组成的有形周界。电子围栏是一种主动入侵防越围栏，对入侵企图做出反击，击退入侵者，延迟入侵时间，并且不威胁人的性命。把入侵信号发送到安全部门监控设备上，以保证管理人员能及时了解报警区域的情况，快速做出处理。

#### 2) 系统供电

电源的供给对于保证整个闭路监控报警系统的正常运转起到至关重要的作用，一旦电源受破坏即会导致整个系统处于瘫痪状态。系统的供电可以采用集中供电和分散供电两部分，用户可以根据实际需要进行选择。

以上仅是一个典型安防监控系统的介绍，在实际应用中会有不同类型的方案出现，安防监控系统方案一般会根据用户的不同需求而量身定制。

### 4.3.6.2 安防监控系统安全要素

安防监控系统，简单来说，就是以维护社会公共安全为目的，运用安全防范产品和其他相关产品所构成的入侵报警系统、视频安防监控系统、出入口控制系统等，或由这些系统为子系统组合或集成的电子系统或网络。

安防监控系统的主要子系统有入侵报警系统、视频安防监控系统、出入口控制系统、电子巡查系统、停车场管理系统、防爆安全检查系统。

1. 设计目标

针对不同的安防系统可提出不同的设计目标，主要的和具有通用性的设计目标有以下几个。

1）响应

响应是指系统对异常情况（可能为入侵）的反应速度，用时间来度量，根据风险的大小和系统反应能力通常可分为立即响应、复校后响应和记录必要信息等几种方式。对于高风险部位，安防系统对探测到的各种异常情况，应立即响应。

发出报警信号，系统的探测响应时间应小于 3 秒。对一般风险部位，可在报警后进行复核，确认报警真实后，采取反应措施，系统的探测响应（包括复核的时间）应在 1 分钟之内。对低风险部位的报警可不反应，但系统必须能记录下相关的信息（探测触发的时间、地点或报警部位的图像）。

2）探测概率

系统探测真实入侵的或然率（概率），包括探测器的探测概率和系统的探测概率，前者是探测器自身的技术指标，后者是构成系统的多个探测器产生的综合指标。系统探测概率的计算要以各种探测器探测概率的数据为基础。理论上讲，探测器的探测概率不可能是100%。决定探测器探测概率的因素主要有探测器本身的灵敏度、环境的限制和干扰、被探测目标的规避和攻击、误报过多导致的信任度降低等。

在大量试验的基础上，经统计可对探测器进行如下分类：

属于高探测概率（大于97%）的有双技术探测器、多元被动红外探测器等；

属于普通探测概率（90%～97%）的有被动红外探测器、微波对射探测器、电缆探测器等；

属于低探测概率（低于90%）的有普通的门磁开关、主动红外线探测器等。

通过对探测器探测概率的分析，进而计算出应采用的探测器的数量和类型，能使系统的指标更为合理。

3）图像的完整性

图像的完整性可以从空间和时间两个角度来评价。空间的完整性与摄像机的视场和视角有关，要保证每台摄像机视场对所设计监控部位充分和有效地覆盖，以及多个摄像机组合形成对 1 个过程或监控区域的充分、有效覆盖。这是一个很重要的设计目标，它保证系统的有效性，关系到摄像机的布局、数量、安装方式及镜头的匹配。

时间的完整性表示电视系统对一个连续过程或事件的监控能力，主要与系统长时间工作和影像信息在线能力相关，这就要求系统具有适当的环境条件、存储方式和一定的空间。当影像信息作为报警复校的手段时，影像的完整性还可以从与报警探测器的探测区的匹配水平予以评价。

影像鉴别等级要根据具体防护要求而定，对于大目标，影像的鉴别等级主要由目标在全图像（整个屏幕）上所占的比例来决定；而对于小目标（如文字、车牌号码、后部特征），则主要由目标占有的像素来定。

4）通过率

通过率是指出入口控制系统在单位时间内的最大通过量。这是通过式系统的基本技术指标，也是判断系统是否具有实用性的重要指标，通过率与特征识别的速度、系统响应及联动机构的控制时间有关。进行实际工程检验时，可先测量单次通过所需时间，进而计算出系统的通过率。也可对实用系统运行进行统计，以得出通过率。

5）系统容量

系统容量是指系统具备可连接和控制前置设备的能力，特别是出入口系统可控部门的数量和可投射的特征部位的数量。系统容量与系统的可扩展性有关。

6）响应方式

根据系统的防护要求，通常有以下三种响应方式。

（1）拒绝：拒绝非法请求，但不采取任何反应，对于一般安全要求的系统，多采用这种方式。把非法请求视为由于操作不当引起的，准许再次操作。

（2）报警。系统反应非法请求，发出报警并记录相关的信息。

（3）启动联动装置：高安全要求的系统在对非法请求发出报警的同时，对非法请求进行识别，启动联动装置，加固系统的抗冲击性和争取制服入侵者。

不同的响应方式将导致系统设计的不同，是单体的还是联网的，是独立的还是与其他系统集成的。

很难用量化的指标来度量系统的安全性。一般从系统物理的防破坏能力、系统防技术破坏能力和系统管理的保密性来予以评价。

2. 设计要素

安防监控系统的主要子系统的设计要素有以下几种。

1）入侵报警系统

系统应能根据被防护对象的使用功能及安全防范管理的要求，对设防区域发生的非法入侵、破坏和抢劫等进行实时有效的探测与报警，高风险防护对应的入侵报警系统应有报警复校功能。漏报、误报警率应符合工程合同书的要求，视频安防监控系统应能根据建筑物的使用功能及安全防范管理的要求，对必须进行视频安防监控的场所、部位、通道等进行实时、有效的视频探测、图像展示、记录与回放，宜具有视频入侵报警功能。与入侵报警系统联合设置的视频安防监控系统，应有图像复核功能，宜具有图像复校加声音复核功能。

2）出入口控制系统

系统应能根据建筑物的使用功能和安全防范管理的要求，对需要控制的各类出入口，按各种不同的通行对象及其准入级别，对其进、出实施实时控制与管理，并具有报警功能。人员安全疏散口，应符合国家现行标准《建筑设计防火规范》（GB 50016—2014）的要求。防灾安全门、访客对讲系统、可视对讲系统都可作为一种民用出入口控制系统。

3）电子巡查系统

系统应能根据建筑物的使用功能和安全防范管理的要求，按照预先设定的保安人员巡查程序，通过信息识读器或其他方式对保安人员巡逻的工作状态（是否准时、是否遵守顺序等）进行监督、记录，并能对意外情况及时报警。

4）停车库（场）管理系统

系统应能根据建筑物的使用功能和安全防范管理的需要，对停车库（场）的车辆通行道口实施出入控制、监视、行车信号指示、停车管理及车辆防盗报警等综合管理。

5）其他子系统

应根据安全防范管理工作对各类建筑物、构筑物的防护要求或对建筑物、构筑物内特殊部位的防护要求，设置其他特殊的安全防范子系统，如防爆安全检查系统、专用的高安全实体防护系统、各类周界防护系统等。

### 4.3.6.3 网络监控系统的结构和安全要素

分析各类网络监控系统，可知网络监控系统根据设备数字化的程度大致可分为全数字化网络监控系统和局部数字化网络监控系统两大类。全数字化网络监控系统是指网络监控系统中的设备从前端采集、传输到后端存储管理全部采用数字化设备。局部数字化网络监控系统中部分或全部前端采用模拟摄像机，在视频的汇聚点进行数字化的记录和网络传输。

全数字化网络监控系统主要由前端采集（网络摄像机）、传输、网络存储、管理控制四部分构成。而由于局部数字化网络监控系统前端采集部分使用的是模拟摄像机，所以需要增加编码部分（网络视频服务器）对模拟图像、声音信号进行数字化编码，以便与后期数字设备进行信号匹配。除此之外，其组成部分与全数字化网络监控系统相同。

### 1. 前端采集部分

全数字化的网络监控系统，前端采集均采用网络摄像机。网络摄像机是传统摄像机与网络视频技术相结合的新一代产品。摄像机传送来的视频信号数字化后由高效压缩芯片压缩，通过网络总线传送到 Web 服务器。网络用户可以直接用浏览器观看 Web 服务器上的摄像机图像，授权用户还可以控制摄像机云台镜头的动作或对系统配置进行操作。网络摄像机采用了先进的摄像技术和网络技术，具有强大的功能。内置的系统软件能实现真正的即插即用，使用户免去了复杂的网络配置；内置的 VO 端口和通信口便于扩充外部周边设备，如门禁系统、红外线感应装置、全方位云台等。

网络摄像机一般由镜头、图像传感器、声音传感器、A-D 转换器、图像声音编码器、控制器、网络服务器、外部报警器、控制接口等组成。其中镜头、图像传感器、声音传感器与闭路电视监控系统中采用的模拟摄像机和拾音器相似。

A-D 转换器的功能是将图像和声音等模拟信号转换成数字信号。基于 CMOS 模式的图像传感器模块有直接数字信号输出的接口，不需 A-D 转换器；而基于 CCD 模式的图像传感器模块，如果有直接数字输出的接口，也不需 A-D 转换器。但由于此模块主要针对模拟摄像机设计，只有模拟输出接口，故需要进行 A-D 转换。经 A-D 转换后的图像、声音数字信号，按一定的格式或标准进行编码压缩。编码压缩的目的是便于实现音/视频信号与多媒体信号的数字化，便于在计算机系统、网络上不失真地传输上述信号。

目前，图像编码压缩技术有两种：一种是硬件编码压缩，即将编码压缩算法固化在芯片上；另一种是基于 DSP 的软件编码压缩，即软件运行在 DSP 上进行图像的编码压缩。同样，声音的压缩也可采用硬件编码压缩和软件压缩，其编码标准有 MP3 等格式。

网络摄像机的基本原理是：图像信号经过镜头输入及声音信号经过麦克风输入后，由图像传感器的声音传感器转化为电信号，A-D 转换器将模拟电信号转换为数字电信号，再经过编码器按一定的编码标准进行编码压缩，在控制器的控制下，由网络服务器按一定的网络协议传送局域网或互联网。控制器还可以接收报警信号及向外发送报警信号，且按要求发出控制信号。控制器是网络摄像机的心脏，它肩负着网络摄像机的管理和控制工作。如果是硬件压缩编码，控制器是一个独立部件；如果是软件编码压缩，控制器是运行编码压缩软件的 DSP，即二者合而为一。

## 2. 编码部分

编码部分只针对前端采集，是模拟摄像机的局部数字化网络监控系统。编码部分的设备主要为网络视频服务器。

网络视频服务器，是一种实现音/视频数据编码、网络传输处理的专用设备，它由音/视频编码器、网络接口、音/视频接口、RS-422/RS-485/RS-232 串行通信接口等构成。

数字编码技术是视频服务器的技术核心，也是选择网络视频服务器的首要考察对象。目前比较流行的数字压缩编码格式有 MPEG-4 和 H.264。

网络视频服务器主要采用 TCP/IP 等协议实现音/视频数据、控制数据和状态检测信息等数据的网络传送。它的以太网接口可以方便地实现内部组网和数据传输。标准音/视频接口可以按前端各通道采集模拟音视频信号；RS-422/RS-485 串行通信接口可通过通信线外接如云台、快球摄像机等各种外设网络视频服务器，具有独立完成网络传输的功能。每部网络视频服务器具有网段内唯一 IP 地址，通过网络连接可以方便地对该设备的 IP 地址进行控制管理，也即通过 IP 地址识别、管理、控制该网络视频服务器所连接的视频源。其组网只是简单的 IP 网络连接，新增一个设备只需要增加一个 IP 地址，极大地方便了网络升级改造和其他网络需求情况。

## 3. 传输部分

网络监控系统的信号传输主要采用双绞线、光纤的方式。远距离的传输链路使用光纤和网络光接收机设备，近距离的传输直接使用超五类线接入交换机。

## 4. 网络存储部分

由于监控端采集的视频数据量较大，所以大部分网络监控系统都采用网络存储设备，或与数字硬盘录像机相结合，进行视频、音频信息的存储。网络存储设备是指具备资料存储功能的装置，因此也称"网络存储器"或"网络磁盘阵列"。这是一种采用直接与网络介质（双绞线）相连的特殊设备实现数据存储的机制。由于这些设备都分配有 IP 地址，所以客户机通过充当数据网关的服务器可以对其进行存取访问，甚至在某些情况下，不需要任何中间介质客户机也可以直接访问这些设备。网络存储技术（NAS）从结构上讲就是一台精简型的计算机，配备了一定数量的内存，而且用户可以存储一定数据。NAS 产品的综合性能发挥还取决于它的处理器能力、硬盘速度及其网络实际环境等因素的制约。网络存储技术设备的外部接口比较简单，由于只是通过内置网卡与外界通信，所以一般只具有以太网络接口，通常是 RJ-45 规格，而这种接口的网卡一般都是百兆网卡或千兆网卡，也有部分 NAS 产品需要与 SAN（存储区域网络）产品连接，提供更为强大的功能，需具备光纤通道（FC）接口。

### 5. 管理控制部分

网络监控系统的管理控制部分主要是平台软件，包含管理服务器、流媒体服务器、控制器（包含客户端软件）。管理服务器对全网监控设备和服务器实行统一的注册管理，包括对网络摄像机的巡检、配置、维护，工作异常的网络摄像机在平台产生报警，监控存储系统的工作状态，监视电视墙服务器的工作状态，设备工作异常产生报警信息，并产生相关的日志；管理控制中心和客户端的登录用户名/密码，并为每个用户分配对应的权限，用户只能在控制权限内操控监控资源，流媒体服务器将视频数据转发给分控客户端使用。控制器（配置客户端）对整套网络视频监控系统执行配置操作。

### 6. 中心机房

中心机房内部包含了网络存储子系统、管理控制子系统，是整个监控系统的核心，也是软件平台的核心。设备要采用高端品牌的服务器，因此对设备保护要求严格，特别要保证机房的温度不能过高。供电方面，服务器由 UPS 供电，停电后能正常继续运行一段时间。而监控端则是采用市电供电，停电后无法正常工作。

网络监控系统是网络技术、计算机控制技术、监控技术的集合，是安防监控平台安全的必要系统。

## 4.4  项目实施

### 🔍 任务 4-1  操作系统安全配置

**任务描述**

小李在某单位办公室工作，在自己使用的计算机上想完成基本的操作系统安全配置。根据所学内容，已正常安装干净的操作系统，同时按照用户账户和密码策略设定了安全账户和密码。在其他操作系统安全配置上，不知道如何再操作。

任务实施

（1）通过360软件可以完善操作系统的安全配置。首先打上系统最新补丁，防止漏洞攻击。选择漏洞修复（见图4-1），通过软件自动修复系统故障，更新驱动。

图 4-1　漏洞修复

（2）打开"Windows设置"，选择"更新和安全"（见图4-2），进行设置。

图 4-2　"更新和安全"

（3）选择"Windows 安全中心"，在下级菜单中选择"防火墙和网络保护"，选择下面的"高级设置"（见图 4-3）。

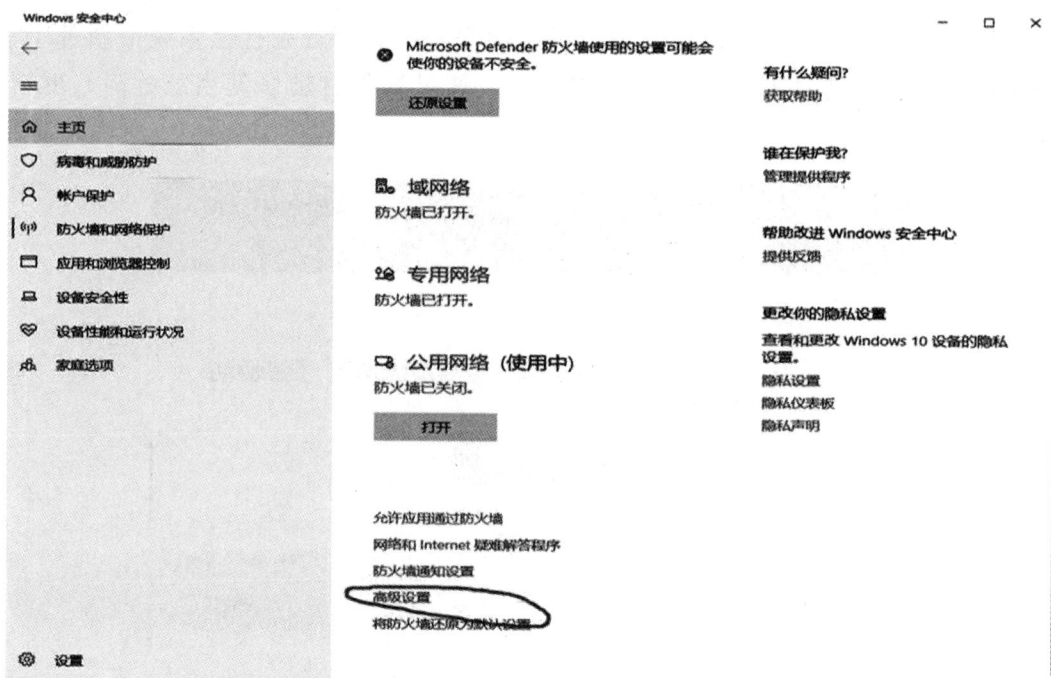

图 4-3　"高级设置"

（4）在下级菜单中选择"入站规则"（见图 4-4）或"出站规则"可进行安全策略的高级设置，通过 IP、端口、协议等限制操作访问。

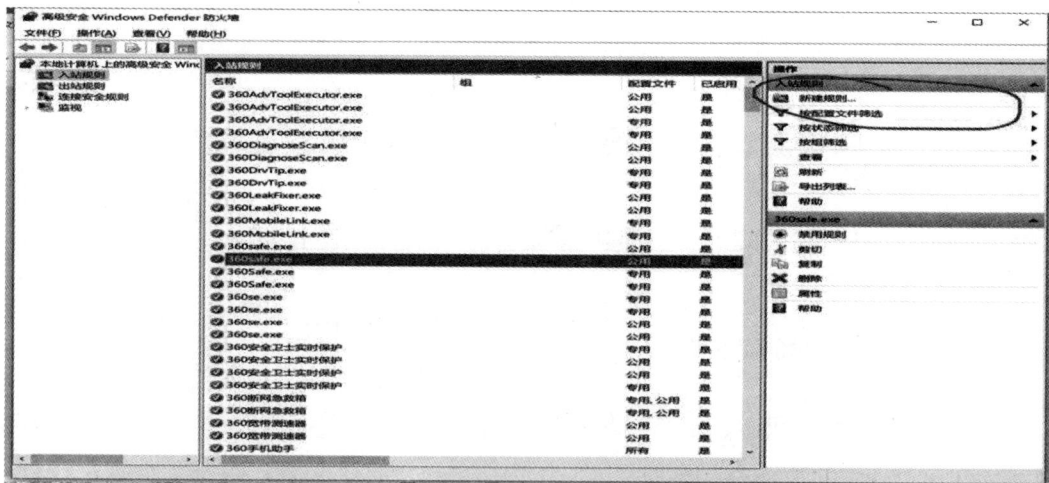

图 4-4　"入站规则"

## 4.5 课程思政：国产自主研发操作系统——麒麟操作系统

大家所熟知的操作系统主要是 Windows 操作系统和 Linux 操作系统等。众所周知，操作系统作为设备中最底层的软件，下接硬件、上接上层应用软件，负责管理硬件资源的调配和应用软件的交互等，可谓计算机系统的灵魂。

信息安全关乎国家的未来发展，美国科技霸权主义对中国的信息安全构成严重威胁，自主研发芯片和国产操作系统、软硬件，能为国家信息安全提供保障，所以信息核心领域实现国产化替代、普及化势不可挡。

2002 年，银河麒麟作为 863 计划的项目启动，由国防科技大学研发；2006 年，全国产化的银河麒麟操作系统初版完成。银行麒麟操作系统整合了 Mach、FreeBSD、Linux、Windows 四种系统的优势。2009 年，国家"核高基"重大专项启动，银河麒麟继续迭代，银河麒麟 3.0 开始使用 Linux 作为内核。

2010 年 12 月 16 日，中标普华 Linux 和国防科技大学的银河麒麟合并为中标麒麟。

2014 年 12 月，天津麒麟成立，继承银河麒麟品牌。2020 年 4 月 8 日，中标软件和天津麒麟合并，共同开发银河麒麟和中标麒麟。

2023 年 3 月 28 日，银河麒麟宣布，银河麒麟桌面操作系统 V10 SP1 2203 update3 版本更新发布，即将逐步推送至终端用户。

2023 年 5 月，麒麟软件官方微信公众号更新文章，宣布推出银河麒麟桌面操作系统 V10 SP1 2303 版本，并就桌面环境、系统安全、系统应用、系统设置、系统更新等多方面进行了功能新增和优化。

中国要实现中华民族伟大复兴，就必须通过科学技术的自主自强摆脱西方发达国家的打压和限制。国产操作系统发展多年来，不断探索与创新，在安全性与便捷性上都取得了长足的进步。在国产化的安全领域，银河麒麟操作系统通过内核管控、数据完整性检测、数据保护等一系列安全技术，大大加强了操作系统的安全性。

中国已经成为全球信息电子制造大国，目前处在技术高速变革的时期。将秉承融合、安全与智能的理念，通过持续不断的探索，为用户提供更加安全、智能、友善的人机交互连接技术，让技术和应用场景完美结合，让中国操作系统的未来具有更多可能性，让中国在信息技术的核心领域建立非对称优势，自立自强，贡献世界。

# 4.6 拓展提升：大数据与监管系统安全

## 1. 大数据安防监控系统

某封闭管理场所已建成依托大数据为基础的监控管理系统，可以通过单位信息指挥中心看到近 2000 个视频监控点信息，视频监控点布满被管控人员各个可能出现的场所。但这并不是简单的视频监控，只要用鼠标在监控区域内划出一条"虚拟警戒线"，一旦监控监测到被管控人员跨越划定范围，系统就会自动报警。这一实际应用兼容了监控实时性、数据多样性、信息整合智能性，极大提升了场所监管安全水平，适应了新形势下大数据在监管安全应用建设中的需要，提高了场所监管信息化整体建设水平。

## 2. 数字化人员定位系统

人员定位设备很早就已经产生，但是如何真正在人员管控监管中全方位使用，还是一个需要科技企业和有关管理部门共同探索的问题。"智慧人员定位系统"采用 UWB 定位技术，通过为被管控人员佩戴标签卡即可实时获取被管控人员的精确位置，精度可高达 10 厘米。该定位系统终端在场所指挥大厅直接控制，对所有佩戴人员的历史轨迹都有视频追踪，对轨迹异常人员及时反馈到指挥大厅。除此之外还支持 24 小时点名功能，对被管控人员各项异常行为带来的隐患做到及时预防、预警，真正应用大数据对人员行为进行分析。

## 3. 数字化工具定位系统

工具定位系统与人员定位系统原理类似，都是通过信号发射器与基站的配合工作，对所监控对象的位置信息实时掌握。但是工具定位系统是将定位器隐藏在工作工具之中，特别是一些使用频率高、危险性高的可携式工具，在每次用工结束之后系统将自动盘点未归还的工具信息，包括使用人信息及工具位置信息。一旦有被管控人员工作过后，将工作工具偷偷带出工作场所，信号接收器就会向指挥大厅发出预警，报告工具准确位置，管理人员即可对工具进行及时收缴，维护场所内正常监管秩序，防止不必要的危害产生。

**思考题**

（1）"智慧安防"主要包括哪些特征？

（2）如何理解在保证业务可用性的前提下，经过分析测试后，可以选择更新使用最新版本的补丁的安全策略？

（3）MySQL 数据库安全解决方案包括哪些方面？

（4）我国安全数据库研发与应用的意义是什么？

（5）数据库安全的定义是什么？常见的数据库安全威胁包括哪些方面？

（6）Linux 操作系统安全解决方案包括哪些方面？

# 项目 5

# 网络安全管控

## ├─ 5.1  项目导入

单个信息化系统所能发挥的作用是很小的，为加强信息化系统协同运作、提升信息化系统信息处理效能、强化信息的交互和最大化数据价值，破除信息化孤岛效应，一般都构建信息化网络。

出于安全起见，为保证内外部网络信息交互的安全，会采用网络分级分层分类管理，在充分利用网络资源、强化安全保障的前提下，部署和管理信息化网络。除按照网络使用范围、信息流转的性质与内容实现网络的物理隔离外，对网络安全的管控也会采用通用的网络安全管理技术和策略来进行保障。本项目将从网络服务器安全、网络系统安全、网络系统软件安全、无线网络安全四个方面来讨论网络安全管控。

## ├─ 5.2  能力目标和要求

在从网络架构上了解网络安全的基本特点后，我们需要了解网络安全管控所需要掌握的概念和技术。网络安全是网络信息交流交互安全保障的基础，是实现应用层网络应用能正常运转的基本条件，是发挥信息化系统数据价值的关键。构建科学完善的网络安全管控体系，是信息化系统安全的重中之重。

学习完本项目，应达到以下能力目标和要求。

（1）了解和掌握网络服务器安全的基本概念和要求。

（2）了解和掌握网络通信设备、网络安全设备的原理和基本部署技术。

（3）了解和掌握影响网络系统安全的软件和相应的防御防护技术和策略。

（4）了解无线网络的技术特点及安全防御操作方法

（5）了解和掌握软件防火墙的安装部署工作流程。

# 5.3 知识概念

## 5.3.1 网络服务器安全

### 5.3.1.1 服务器系统安全

网络服务器安全防护可以分为通用服务器安全防护和专用服务器安全防护。

#### 1. 通用服务器安全防护

通用服务器安全防护需要考虑的地方很多，首先是需要从服务器操作系统层面人工加固服务器做很多策略，如权限分配、再部署入侵防护系统、修复系统漏洞、删除危险权限、禁用危险服务、修补 Web 程序漏洞、查杀网页木马、防 SQL 注入、网页防篡改、网页挂马防护、网站提权防护、垃圾网页防护、XSS 跨站防护、远程桌面保护、入侵事件通知等。服务器提供资源共享和访问，是最容易被攻击的对象，主要受到两个方面的恶意网络行为：一是恶意的攻击行为，如拒绝服务攻击、网络病毒等，旨在消耗服务器资源，影响服务器正常运作；另一个是恶意的入侵行为，更容易导致服务器敏感信息泄露，服务器系统遭到肆意破坏。

通用服务器安全防护可以采取的措施如下。

（1）保护服务器账户密码等内部数据。制定内部数据安全风险管理制度，以及数据泄露和其他类型的安全风险协议，包括分配不同部门以及人员管理账号、密码等权限，定期更新密码避免被黑客盗取，以及其他可行措施。

（2）及时更新软件版本。可以避免因网络服务器处于危险之中而使其漏洞被黑客利用并入侵。使用专业的安全漏洞扫描程序是一种保持软件实时更新的方式之一。

（3）设置定期数据备份。这样重要数据可在本地或其他位置生成备份，在原始数据不幸损坏、丢失等情况发生时，可以利用备份数据保证业务正常运行。

（4）关闭不必要的服务，禁用非常用服务端口。定期进行安全检测，确保服务器安全，在非默认端口上设置标准和关键服务，保证防火墙处于最佳设置等，定期进行安全扫描，防止病毒入侵。

（5）定期安装最新的操作系统和软件更新补丁，减少系统漏洞，提高服务器的安全性。

（6）安装专业的网络安全防火墙，这样进入服务器中的流量都是经防火墙过滤之后的流量，防火墙内其他的流量直接被隔离出来。防火墙中一定要安装入侵检测和入侵防御系统，这样才能发挥防火墙的最大作用。

（7）安装商业级反恶意软件和反病毒引擎，对服务器进行实时保护。此外，每周进行一次"全系统扫描"，以确保服务器系统的安全。

（8）开启服务器的事件日志或部署审计服务器。可以通过事件日志实现对入侵者行踪的分析，了解入侵行为可能造成的破坏和遗留的安全隐患，查询是否留下后门程序，分析存在的安全漏洞。

## 2. 专用服务器安全防护

### 1) 数据服务器安全

数据服务器安全要在保证数据服务器在符合通用服务器安全配置的前提下运行，同时也要针对数据服务器的应用需求和特性实施特定的安全措施。

（1）需要对数据库进行安全配置，例如程序连接数据库所使用的账户、口令、权限等，如果是浏览新闻的，就设定为只读权限，可以对不同的模块使用不同的账户及权限。

（2）数据库的存储过程的调用也要实行严格的配置，在运行过程中不需要的存储过程可以全部禁用，防止注入后利用数据库的存储过程进行系统调用。

（3）要在服务器维护技术文档中记录下设定日志，保证服务器的各种操作可以回溯查询。

### 2) DNS 服务器安全

DNS 服务器是进行域名和与之相对应的 IP 地址转换的服务器，通过保存的域名与 IP 地址数据表解析交换消息的域名。DNS 的监听服务端口是 53。DNS 的查询方式分为递归查询和迭代查询，递归查询即客户机通过本地 DNS 服务器实现查询，迭代查询是本地 DNS 服务器无法解析时与 DNS 根服务器等完成解析的过程。

为完善 DNS 服务器的安全，可以采取的安全措施如下。

（1）使用 DNS 转发器。

DNS 转发器是为其他 DNS 服务器完成 DNS 查询的 DNS 服务器。使用 DNS 转发器的主要目的是减少 DNS 服务器处理的压力，把查询请求从 DNS 服务器转给转发器，从 DNS 转发器潜在的更大的 DNS 高速缓存中受益。

（2）使用只缓冲 DNS 服务器。

只缓冲 DNS 服务器是针对未授权域名的，它被用作递归查询或者使用转发器。当只缓冲 DNS 服务器收到一个反馈时，它把结果保存在高速缓存中，然后把结果发送给向它提出 DNS 查询请求的系统。随着时间推移，只缓冲 DNS 服务器可以收集大量的 DNS 反馈，这能极大地缩短它提供 DNS 响应的时间。在管理控制下，把只缓冲 DNS 服务器作为转发器使用，可以提高组织安全性，保护 DNS 服务器免受真实攻击。

（3）使用 DNS 解析者。

DNS 解析者是一台可以完成递归查询的 DNS 服务器，它能够解析未授权的域名。例如，可能在内部网络上有一台可授权内部网络域名 internalnet.com 的 DNS 服务器。当网络中的客户机使用这台 DNS 服务器去解析 teacher.com 时，这台服务器通过向其他 DNS 服务器查询来执行递归以获得解析信息。

（4）保护 DNS 不受缓存污染。

DNS 缓存污染已经成了日益普遍的问题。绝大部分 DNS 服务器都能够将 DNS 查询结果在答复给发出请求的主机之前，就保存在高速缓存中。DNS 高速缓存能够极大地提高组织内部的 DNS 查询性能。但如果 DNS 服务器的高速缓存被大量假的 DNS 信息"污染"了，用户就有可能被送到恶意站点，而不是其原先想要访问的网站。主要采取的措施是：防缓存窥探，即限制递归服务的范围，仅允许特定网段的用户使用递归服务；防缓存中毒，即对重要域名的解析结果进行重点监测，一旦发现解析数据有变化能够及时给出警示。

3）邮件服务器安全

邮件服务器安全可以应用的安全防护技术有邮件病毒的过滤、数据身份认证、垃圾邮件过滤以及传输安全技术等。

数据身份认证是指 SMTP 发信认证，主要防止黑客利用用户的邮件服务器去攻击其他的邮件服务器。完善 SMTP 身份认证，除防止黑客的恶劣攻击行为外，还可以保障用户的邮件服务器资源可以充分运用到日常邮件处理过程中，避免出现资源浪费或系统崩溃的情况。

对于其他垃圾邮件过滤、防邮件病毒等功能，大部分邮件服务器软硬件均有有效支持。

## 5.3.1.2 服务器 Web 访问安全

随着信息化建设不断完善，针对业务特点和需求开发了若干信息系统平台来优化信息管理与交互，提升信息化管理效能。作为信息化系统平台应用载体的

Web 技术已被广泛应用，针对 Web 技术的安全攻击也越来越多，服务器 Web 访问安全也必须受到重视。

### 1. Web 应用的体系架构

传统的信息系统采用 C/S（客户端/服务器）体系结构。在 C/S 体系结构中，服务器端实现存储数据、对数据进行统一的管理、统一处理多个客户端的并发请示等功能，客户端作为和用户交互的程序，完成用户界面设计、数据请求和表示等工作。

随着浏览器的普遍应用，浏览器和 Web 应用的结合兴起了 B/S（浏览器/服务器）体系结构。在 B/S 体系结构中，Web 浏览器是客户端最主要的应用软件。统一客户端，不需要另外开发和安装新的客户端软件；系统功能实现的核心部分集中到服务器上，服务器完成业务的处理功能，简化了系统的开发、维护和使用，大大提升了系统部署和应用的便捷性。

Web 服务器软件接收客户端对资源的请求，在这些请求上执行一些基本的解析处理后，将其传送给 Web 应用程序进行业务处理，待 Web 应用程序处理完毕并返回响应时，Web 服务器再将响应结果返回给客户端，在浏览器上进行本地执行、展示和渲染，完成信息系统所需完成的交互和信息处理功能。目前常见的 Web 服务器软件有微软的 IIS 和开源的 Apache 等。

### 2. 服务器 Web 软件安全

服务器 Web 软件作为 Web 应用的载体，成为攻击者攻击 Web 应用的主要目标。主要风险因素如下。

#### 1）Web 服务器软件存在安全漏洞

可能的常见安全漏洞有基于数据驱动的远程代码执行安全漏洞。针对这类漏洞的攻击行为包括缓冲区溢出、不安全指针、格式化字符等远程渗透攻击。通过漏洞，攻击者能在 Web 服务器上直接获得远程代码的执行权限，并能以较高的权限执行命令。如 2015 年 4 月发现的 HTTP 远程代码执行漏洞，存在该漏洞的 HTTP 服务器接收到精心构造的 HTTP 请求时，可能触发远程代码在目标系统以系统权限执行，造成信息泄露的安全威胁。

#### 2）服务器功能扩展模块漏洞

Web 服务器软件可以通过一些功能扩展模块来为核心的 HTTP 引擎增加其他功能，例如 IIS 的索引服务模块可以启动站点检索功能。与 Web 服务器软件相比，这些功能扩展模块的编写质量要差很多，因此也存在更多的安全漏洞。例如由于漏洞过多，Flash 功能插件一直饱受诟病，虽然它具备占用带宽小、画面流畅等优势，但因安全问题逐步退出历史舞台。

3）源代码泄露安全漏洞

通过此类漏洞，渗透攻击人员能够查看到没有防护措施的 Web 服务器上的应用程序源代码，甚至可以利用这些漏洞查看到系统级的文件。

4）资源解析安全漏洞

Web 服务器软件在处理资源请求时，需要将同一资源的不同表示方式解析为标准化名称。这个过程称为资源解析。例如将用 Unicode 编码的 HTTP 资源的 URL 请求进行标准化解析。但一些服务器软件可能在资源解析过程中遗漏了一些对输入资源合法性、合理性的验证处理，从而导致目录遍历、敏感信息泄露甚至代码注入攻击。

针对以上安全漏洞，攻击者可以在 Web 服务器软件层面上对目标 Web 站点实施攻击。

### 3. 服务器 Web 访问的安全防范措施

安全管理人员在 Web 服务器的配置、管理和使用上，可以采取有效的防范措施，以提升 Web 站点的安全性。

（1）及时进行 Web 服务器软件的补丁更新。可以通过 Windows 的自动更新服务、Linux 的 Yum 等自动更新工具，实现对服务器软件的及时更新。

（2）通过火绒安全软件、360 安全工具等，对 Web 服务器进行全面的漏洞扫描，及时更新修复服务器系统安全漏洞，以防范攻击者利用这些安全漏洞实施攻击。

（3）采用必要的提升服务器安全性的一般性措施，来强化服务器安全。比如，设置强口令；对 Web 服务器进行严格的安全配置；关闭不必要的服务和端口；隐藏 Web 服务器的相关信息等。

### 5.3.1.3　服务器安全策略

服务器的安全策略有：及时安装系统补丁；安装和设置防火墙；安装网络杀毒软件；关闭不需要的服务和端口；定期对服务器进行备份；实施账号和密码保护；监测系统日志等。任何操作系统都有漏洞，及时打上补丁避免漏洞被蓄意攻击利用，是服务器安全的重要保证。本小节重点讨论分析与服务器应用常见的服务和端口，可以根据网络服务的需要禁用或启用服务和服务端口。

## 1. 服务器基本安全策略

网络服务器安全配置的基本安全策略宗旨是"最小权限＋最少应用＋最细设置＋日常检查＝最高安全"。

最小权限是指各种服务与应用程序运行在最小的权限范围内，避免开放过多服务和权限带来安全隐患。

最少应用是指服务器仅安装必需的应用软件与程序。应用软件越多，安全漏洞就可能越多。

最细设置是指在应用安全策略时必须做到周全、细心。

日常检查是指服务器的日常检查、系统优化、垃圾临时文件清理、日志文件数据分析等常规工作。

## 2. 服务器常见服务与端口

端口是计算机和外部网络相连的逻辑接口，也是计算机的第一道屏障。端口配置正确与否直接影响到服务器主机的安全。一般来说，只打开需要使用的端口会比较安全，禁用不常用或不用的端口会提升安全系数。

在网络安全技术中，端口一般有两种：一是物理意义上的端口，如集线器、交换机、路由器的端口，用于连接其他网络设备的接口，如 RJ-45 端口、Serial 端口等；二是逻辑意义上的端口，特指 TCP/IP 协议中的端口，端口号的范围为 0～65535，如用于浏览网页服务的 80 端口，用于 FTP 服务的 21 端口等。

### 1）按端口号分类

（1）知名端口。

知名端口是众所周知的端口，范围从 0 到 1023，一般分配给常见的固定网络服务程序。如其中 80 端口分配给 WWW 服务，21 端口分配给 FTP 服务，25 端口分配给 SMTP 服务等。我们在 IE 的地址栏里输入一个网址的时候是不必指定端口号的，因为在默认情况下 WWW 服务的端口号是"80"。

部分常用网络服务是可以使用其他端口号的，如果不是默认的端口号则应该在地址栏上指定端口号，方法是在地址后面加上冒号"："（半角），再加上端口号。比如使用"8080"作为 WWW 服务的端口，则需要在地址栏里输入"网址:8080"。

但是有些系统协议使用固定的端口号，它是不能被改变的，比如 139 端口专门用于 NetBIOS 与 TCP/IP 之间的通信，不能手动改变。

（2）注册端口。

端口 1024 到 49151，松散地绑定分配给用户进程或应用程序。这些进程主要是用户选择安装的一些应用程序，而不是已经分配好了公认端口的常用程序。这些端口在没有被服务器资源占用的时候，可以用户端动态选用为源端口。比如 3724 端口就曾是网络游戏《魔兽世界》使用的网络服务端口。在关闭游戏程序后，就会释放所占用的端口号。

（3）动态端口。

动态端口的范围是从 49152 到 65535，也叫私有端口，是因为它一般不固定分配某种服务。理论上，不应为服务分配这些端口。但也有例外，SUN 的 RPC 端口从 32768 开始。

2）按协议类型分类

按协议类型划分，可以分为 TCP、UDP 等端口。

（1）TCP 端口。

TCP 端口，即传输控制协议端口，能提供面向连接（连接导向）的、可靠的、基于字节流的传输层（transport layer）连接。常见的有 FTP 服务的 21 端口、Telnet 服务的 23 端口、SMTP 服务的 25 端口以及 HTTP 服务的 80 端口等。

（2）UDP 端口。

UDP 端口，即用户数据协议端口，无须在客户端和服务器之间建立连接，提供面向事务的简单不可靠信息传送服务。常见的有 DNS 服务的 53 端口、SNMP 服务的 161 端口等（见表 5-1）。

表 5-1 常见网络服务协议与端口号对应关系表

| 端口号 | 协议名称 | 注释 |
| --- | --- | --- |
| 21 | FTP | 文件传输协议 |
| 22 | SSH | 安全外壳协议 |
| 23 | TELNET | 远程登录服务协议 |
| 25 | SMTP | 简单邮件传输协议 |
| 37 | TIME | 时间协议 |
| 69 | TFTP | 小文件传输协议 |
| 80 | HTTP | 超文本传输协议 |
| 110 | POP3 | 邮局协议版本 3 |
| 123 | NTP | 网络时间协议 |
| 161 | SNMP | 简单网络管理协议 |
| 443 | HTTPS | 安全超文本传输协议 |
| 53 | DNS | 域名服务协议 |
| 67 | DHCP | 动态主机分配协议服务端 |
| 68 | DHCP | 动态主机分配协议客户端 |

了解了网络服务与端口的对应关系，就可以通过服务器安全配置禁用不常用或不用的端口，阻隔信息交互传递，从而强化服务器的安全防护。

## 🔍 5.3.2 网络系统安全

### 5.3.2.1 网络交换设备安全

在复杂的网络环境中，随着计算机性能的不断提升和互联网技术的日新月异，针对网络交换机、路由器或其他设备的攻击趋势越来越严重，影响也越来越剧烈。由于网络广泛互联，加上 TCP/IP 协议本身的开放性，网络路由器、交换机作为网络环境中重要的转发设备，在网络中占有极其重要的地位，也成为攻击者入侵和病毒肆虐的重点对象，网络路由器、交换机的安全问题也越来越重要。

#### 1. 交换机安全

按交换机的功能变化，可以将交换机分为五代。

集线器是第一代交换机，工作于 OSI（开放式系统互联）模型的物理层，主要功能是对接收到的信号进行再生整形放大，延长网络通信线路的传输距离，同时，把网络中的节点汇聚到集线器的一个中心节点上，集线器会把收到的报文向所有端口广播转发。

第二代交换机又称以太网交换机，工作于 OSI 的数据链路层，称为二层交换机。二层交换机识别数据中的 MAC 地址信息，并根据 MAC 地址点对点选择转发端口。

第三代交换机俗称三层交换机，工作于 OSI 模型的网络层。针对 ARP/DHCP 等广播报文对终端和交换机的影响，三层交换机实现了虚拟网络（VLAN）技术来抑制广播风暴，将不同用户划分为不同的 VLAN，VLAN 之间的数据包转发通过交换机内置的硬件路由查找功能完成。

第四代交换机为满足业务的安全性、可靠性等需求，在第二、三代交换机功能的基础上新增业务功能，如防火墙、负载均衡、IPS 等。这些功能通常由多核CPU 实现。

第五代交换机通常支持软件定义网络（SDN），具有强大的 QoS 能力。

交换机面临的网络安全威胁主要有以下几种。

（1）MAC 地址泛洪：通过伪造大量的虚假 MAC 地址发往交换机，由于交换机的地址表容量的有限性，当交换机的 MAC 地址表被填满之后，交换机将不再学习其他 MAC 地址。

（2）ARP 欺骗：攻击者可以随时发送虚假 ARP 包更新被攻击主机上的 ARP 缓存，进行地址欺骗，干扰交换机的正常运行。

（3）口令威胁：攻击者利用口令认证机制的脆弱性，如弱口令、通信明文传输、口令明文存储等，通过口令猜测、网络监听、密码破解等技术手段获取交换机口令认证信息，从而非授权访问交换机设备。

（4）漏洞利用：攻击者利用交换机的漏洞信息，导致拒绝服务、非授权访问、信息泄露、会话劫持。

## 2. 路由器安全

路由器是连接两个或多个网络的硬件设备，在网络间起网关的作用，读取每一个数据包中的地址，然后决定传送最优路径的专用智能性网络设备。路由器有三个特征：工作在网络层上；能够连接不同类型的网络；能够选择数据传递路径。路由器不仅是实现网络通信的主要设备之一，而且是关系全网安全的设备之一，它的安全性、稳定性直接影响到网络的可用性。

无论是攻击者发动 DoS、DDoS 攻击，还是网络蠕虫爆发，路由器往往会首当其冲地受到冲击，甚至导致路由器瘫痪，从而造成网络不可用。

路由器面临的网络安全威胁主要有以下几种。

（1）漏洞利用：网络设备厂商的路由器漏洞被攻击者利用，导致拒绝服务、非授权访问、信息泄露、会话劫持、安全旁路。

（2）口令安全威胁：路由器的口令认证存在安全隐患，导致攻击者可以猜测口令、监听口令、破解口令文件。

（3）路由协议安全威胁：路由器接收恶意路由协议包，导致路由服务混乱。

（4）DoS/DDoS 威胁：攻击者利用 TCP/IP 协议漏洞或路由器的漏洞，对路由器发起拒绝服务攻击。攻击方法有两种：一是发送恶意数据包到路由器，致使路由器处理数据不当，导致路由器停止运行或干扰正常运行。二是利用僵尸网络制造大的网络流量传送到目标网络，导致路由器瘫痪。

（5）依赖性威胁：攻击者破坏路由器所依赖的服务或环境，导致路由器非正常运行。例如，破坏路由器依赖的认证服务器，导致管理员无法正常登录路由器。

## 3. 网络交换设备安全机制及实现技术

目前，交换机、路由器通常提供身份认证、访问控制、信息加密、安全通信以及审计等安全机制，以保护网络设备的安全性。

（1）认证机制：目前，市场上的网络设备提供 Console 口令、AUX 口令、VTY 口令、User 口令、Privilege-level 口令等多种形式的口令认证。

（2）访问控制：网络设备的访问可以分为带外访问和带内访问。带外访问不依赖其他网络，带内访问则要求提供网络支持。网络设备的访问方法主要有控制端口、辅助端口、VTY、HTTP、TFTP、SNMP。Console、AUX 和 VTY 称为 Line。

（3）信息加密：网络设备配置文件中有敏感口令信息，一旦泄露，将导致网络设备失去控制。为保护配置文件的敏感信息，网络设备提供安全加密功能，保存敏感口令数据。启用 service password-encryption 配置后，对口令明文信息进行加密保护。

（4）安全通信：网络设备和管理工作站之间的安全通信有两种方式：一是使用 SSH；二是使用 VPN。

（5）日志审计：网络运行中会有很多突发情况，通过对网络设备进行审计，有利于管理员分析安全事件。网络设备提供控制台日志审计（Console logging）、缓冲区日志审计（Buffered logging）、终端审计（Terminal logging）、AAA 审计、Syslog 审计等多种方式。

另外，网络交换设备也可以采用安全增强技术方法来强化安全防御。

在交换机上，可以采取的技术方法有以下几种。

（1）配置交换机访问口令和 ACL，限制安全登录。

（2）利用镜像技术监测网络流量。

（3）采用 MAC 地址控制技术。

（4）安全增强，主要包括：① 关闭不需要的网络服务；② 创建本地账号；③ 启用 SSH 服务；④ 限制安全远程访问；⑤ 限制控制台的访问；⑥ 启动登录安全检查；⑦ 安全审计；⑧ 限制 SNMP 访问；⑨ 安全保存交换机镜像文件；⑩ 关闭不必要的端口；⑪ 关闭控制台及监测的审计；⑫ 发出警示信息。

在路由器上，可以采取的技术方法有以下几种。

（1）及时升级操作系统和补丁。

（2）关闭不需要的网络服务，主要包括：① 禁止 CDP；② 禁止其他的 TCP、UDP Small 服务；③ 禁止 Finger 服务；④ 禁止 HTTP 服务；⑤ 禁止 BOOTP 服务；⑥ 禁止从网络启动和自动从网络下载初始配置文件；⑦ 禁止 IP Source Routing；⑧ 禁止 ARP-Proxy 服务；⑨ 明确地禁止 IP Directed-broadcast；⑩ 禁止 IP Classless；⑪ 禁止 ICMP 协议的 IP Unreachables、Redirects、Mask Replies；⑫ 禁止 SNMP 协议服务；⑬ 禁止 WINS 和 DNS 服务。

（3）明确禁止不使用的端口。

（4）禁止 IP 直接广播和源路由。

（5）增强路由器 VTY 安全。

（6）阻断恶意数据包。

（7）加强路由器口令安全。

（8）传输加密。

### 5.3.2.2　网络安全设备——防火墙

为保障网络信息安全，在网络安全设备的配置上，防火墙是防范来自外部网络的不明信息，对接收到的数据包过滤后再进行安全传输的首选网络安全设备。

#### 1. 防火墙

防火墙技术是通过有机结合各类用于安全管理与信息过滤的软件和硬件设备，在不同网络之间构建相对隔绝的保护屏障，以保护用户资料和信息安全的一种技术。

按软、硬件形式的不同，防火墙可分为软件防火墙、硬件防火墙和芯片级防火墙。硬件防火墙是物理连接到网络的一个设备，在内部网和外部网之间、专用网与公共网之间的网络边界构造的保护屏障，它将全面监视所发送和接收到的通信，并检查它处理的每个消息的源地址和目标地址，最大限度阻止网络中的非法或未授权访问。软件防火墙通过使用计算机内部程序而不是外部设备来执行类似的功能。

在逻辑上，防火墙是一个分离器、一个限制器，也是一个分析器，有效地监控了内部网和互联网之间的任何活动，保证了内部网络的安全。防火墙物理部署在内部网络连接外部网络的出口位置。

#### 2. 防火墙的功能

##### 1）防火墙是网络的安全屏障

防火墙作为在网络边界上部署的网络安全设备，能极大地提高内部网络的安全性，通过过滤外界不安全的网络访问和服务而降低风险。

##### 2）防火墙可以强化网络安全策略

在制定防火墙的网络安全策略配置中，能将所有安全控制（如口令、加密、身份认证、审计等）配置在防火墙上。与将网络安全问题分散到各个主机上相比，防火墙的集中安全管理更加经济有效。

##### 3）防火墙可以对网络活动进行监控审计

防火墙能记录下经过防火墙的网络访问到防火墙日志中，同时也能提供网络使用情况的统计数据。根据配置的网络访问安全策略，当发生可疑网络访问活动时，防火墙会进行报警，并提供可疑网络活动的详细信息。

4）防火墙能防止内部网络信息外泄

防火墙可以将内部网络划分成不同级别的安全区域，实现对内部网重点网段的隔离，限制局部重点或敏感网络安全问题对全局网络造成的影响。使用防火墙可以隐蔽那些可能泄露内部细节的网络服务，如 Finger、DNS 等服务。Finger 可以显示主机的所有用户的注册名、真名，最后登录时间和使用 shell 类型等。Finger 显示的信息非常容易被攻击者所获悉，从而泄露系统使用频度、用户连接状况等信息。防火墙可以阻塞有关内部网络中的 DNS 信息，这样内网某些主机的域名和 IP 地址就不会被外界所了解。

除了安全作用，防火墙还支持网络地址转换（NAT）和具有 Internet 服务性的企业内部网络技术体系 VPN（虚拟专用网）等多种技术来屏蔽受保护的网络。

### 3. 防火墙的部署

防火墙是为加强网络安全防护能力而在网络中部署的硬件设备，有多种部署方式，常见的有桥模式、路由模式等。

1）桥模式

桥模式也称透明模式。最简单的网络由客户端和服务器组成，客户端和服务器处于同一网段。为了安全考虑，在客户端和服务器之间增加了防火墙设备，像放置网桥一样插入该防火墙设备即可，无须修改任何已有的配置。IP 报文同样经过相关的过滤检查，但是 IP 报文中的源或目的地址不会改变，内部网络用户依旧受到防火墙的保护。

如果防火墙采用桥模式（见图 5-1）进行工作，则可以避免改变拓扑结构造成的麻烦，此时防火墙对于子网用户和路由器来说是完全透明的。也就是说，用户完全感觉不到防火墙的存在。工作在桥模式下的防火墙没有 IP 地址，当对网络进行扩容时无须对网络地址进行重新规划，但牺牲了路由、VPN 等功能。

2）路由模式

路由模式适用于内外网不在同一网段的情况，防火墙设置网关地址实现路由器的功能，为不同网段进行路由转发。网关模式相比桥模式具备更高的安全性，在进行访问控制的同时实现了安全隔离，具备了一定的私密性。

当防火墙位于内部网络和外部网络之间时，需要将防火墙与内部网络、外部网络以及隔离区（DMZ）三个区域相连的接口分别配置成不同网段的 IP 地址，重新规划原有的网络拓扑。

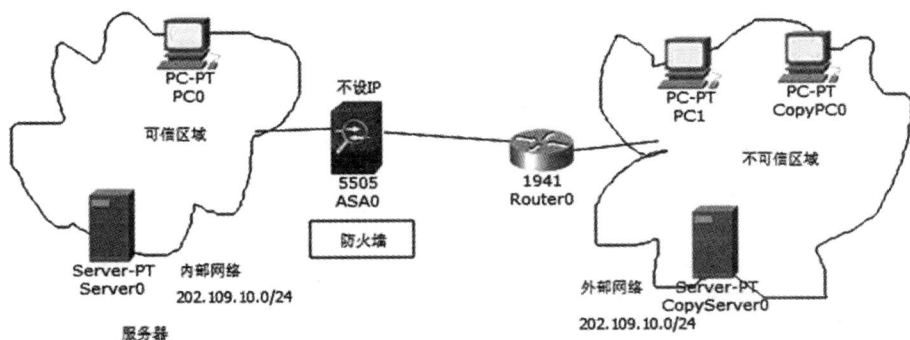

**图 5-1　桥模式连接示意图**

防火墙的可信区域接口与公司内部网络相连，不可信区域接口与外部网络相连。值得注意的是，可信区域接口和不可信区域接口分别处于两个不同的子网中。

采用路由模式（见图 5-2）时，可以完成 ACL 包过滤、ASPF 动态过滤、NAT 转换等功能。在双路由器系统下，还可以设立 DMZ，DMZ 是在非安全系统与安全系统同时存在的情况下设立的过滤子网，通常位于企业内部网络和外部网络之间，用来放置一些必须公开的服务器设施，安全性比基本过滤路由器高。然而，路由模式需要对网络拓扑进行修改（内部网络用户需要更改网关、路由器需要更改路由配置等），这是一件相当费事的工作，因此在使用该模式时需权衡利弊。

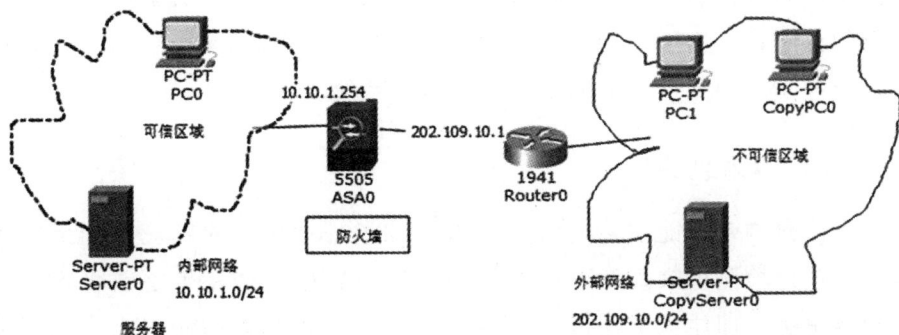

**图 5-2　路由模式连接示意图**

## 5.3.2.3　网络安全设备——入侵检测系统

为应对可能的网络攻击和扫描探测行为，可以选择部署入侵检测系统（IDS）来进行防御。入侵检测系统是一种对网络传输进行即时监视，在发现可疑传输时发出警报或者采取主动反应措施的网络安全设备。它与其他网络安全设备的不同之处在于，IDS 是一种积极主动的安全防护技术。

### 1. 入侵检测系统

入侵检测技术是用于检测任何损害或企图损害系统的机密性、完整性和可用性等行为的一种网络安全技术。入侵检测技术通过监视受保护系统的状态和活动，采用异常检测或误用检测的方式，发现非授权的或恶意的系统及网络访问行为，为防范入侵行为提供了有效的手段。

入侵检测技术提供了用于发现入侵攻击和合法用户滥用特权的一种方法，它所基于的重要前提是非法行为和合法行为是可区分的。也就是说，可以通过提取行为的模式特征来分析判断该行为的性质。入侵检测系统根据入侵检测的行为分为两种模式：异常检测和误用检测。前者先要建立一个系统访问正常行为的模型，凡是访问者不符合这个模型的行为将被断定为入侵；后者则相反，先要将所有可能发生的不利的、不可接受的行为归纳建立一个模型，凡是访问者符合这个模型的行为将被断定为入侵。

入侵检测系统是由硬件和软件组成，用来检测系统或网络以发现可能的入侵或攻击的系统。入侵检测系统通过实时的检测，检查特定的攻击模式、系统配置、系统漏洞、存在缺陷的程序版本以及系统或用户的行为模式，监视与安全有关的活动。

从系统结构上看，入侵检测系统至少包括信息源、分析引擎和响应三个功能模块。信息源为分析引擎提供原始数据进行入侵分析；分析引擎执行实际的入侵或异常行为检测；分析引擎的结果提交给响应模块，响应模块采取必要和适当的措施，阻止进一步的入侵行为或恢复受损害的系统。

### 2. 入侵检测系统的作用

（1）入侵检测系统能使系统对入侵事件和过程做出实时响应。如果一个入侵行为能被迅速地检测出来，就可以在任何破坏或数据泄密发生之前将入侵者识别出来并驱逐出去。即使检测速度不够快，入侵行为越早被检测出来，入侵造成的破坏程度就会越小，而且能越快地恢复工作。

（2）入侵检测系统是防火墙的合理补充。入侵检测系统能够收集有关入侵行为的信息，这些信息可以用来加强防御措施。

（3）入侵检测系统是系统动态安全的核心技术之一。鉴于静态安全防御不能提供足够的安全，系统必须根据发现的情况及时调整，在动态中保持安全状态，这就是常说的系统安全状态。

常用的系统安全状态模型有 PDRR 模型（见图 5-3），它由四个部分组成，即防护（Protection）、检测（Detection）、响应（Response）和恢复（Recovery）。其中检测是静态防护转化为动态防护的关键，是动态响应的依据，是落实或强制执行安全策略的有力工具。因此，入侵检测是系统动态安全的核心技术之一。

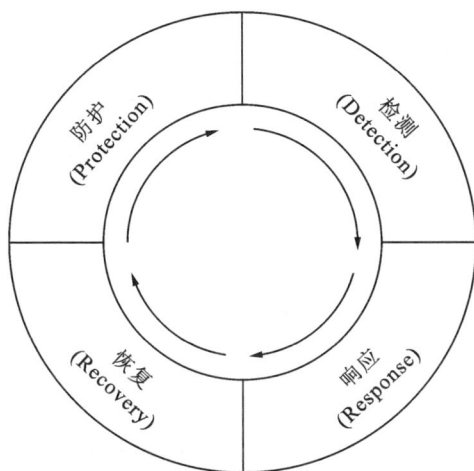

**图 5-3  PDRR 模型**

### 3. 入侵检测系统模型

通用入侵检测框架（CIDF）阐述了一个入侵检测系统的通用模型，即入侵检测系统的四个组件：事件产生器、事件分析器、响应单元和事件数据库。入侵检测通用模型如图 5-4 所示。CIDF 将需要分析的数据统称为事件，它可以是网络中的数据包，也可以是从系统日志等其他途径得到的信息。

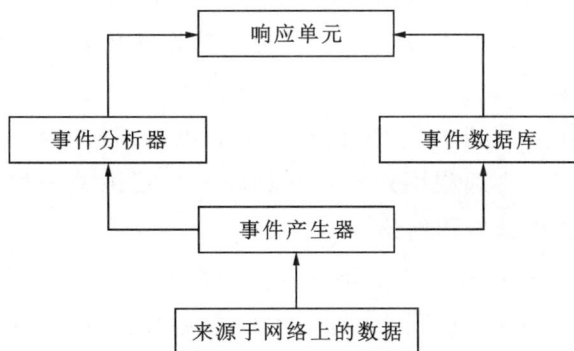

**图 5-4  入侵检测通用模型**

事件产生器的目的是从整个计算环境中获得事件，并向系统的其他部分提供此事件；事件分析器经过分析得到数据，并产生分析结果。响应单元则是对分析结果做出反应的功能单元，它可以做出切断连接、改变文件属性等强烈反应，也可以只是简单的报警。事件数据库是存放各种中间和最终数据的地方的统称，它可以是复杂的数据库，也可以是简单的文本文件。

事件产生器、事件分析器、响应单元和事件数据库之间的通信都基于通用入侵检测对象和通用入侵规范语言。如果想在不同种类的事件产生器、事件分析器、响应单元和事件数据库之间实现互操作，则需要按通用标准进行标准化。

需要指出的是，入侵检测系统的部署需要根据管理场所的安全策略、计划和流程等，确定入侵检测系统的选型和优先级，考虑综合使用网络入侵检测系统和主机入侵检测系统来保护信息化系统，包括确定部署位置。这些应该在具备安全资质的技术人员的指导下完成。

### 5.3.2.4　VPN 部署与应用

随着信息化建设的发展，除专网专线实现上下级单位保密通信外，在某些特殊情况下也需要通过互联网实现对部分单位和部门内网的通信与指挥。虚拟专用网 VPN 技术应运而生，能较好地实现从公用网络通往私密内网空间的隐秘的安全通道。

#### 1. 虚拟专用网

虚拟专用网（Virtual Private Network，VPN）是建立在公用网络上的私有专用网络技术。之所以称为虚拟专用网，主要是因为整个 VPN 的任意两个节点之间的连接并没有传统专网所需的端到端的物理链路，而是架构在公用网络服务商所提供的网络之上的逻辑链路，用户数据在逻辑链路中传输。

通过 VPN 技术，企事业单位内部的重要信息可以通过构建"加密管道"在公用网络中安全传输。通过加密技术，可以防止数据在传输中被窃听和篡改，可以验证数据的真实来源。

单位信息化工作人员利用 VPN 技术可以通过直接拨号连接或租用线路连接，通过安全的数据通道，将远程用户、不同场所、上级机关等相关网络资源连接起来，构成一个拓展的内部专用网络。

VPN 的访问流程可以描述为，不在地方的企事业单位内部工作人员在外地连上互联网后，通过互联网连接到企事业单位内网中架设的 VPN 服务器，然后通过 VPN 服务器进入企事业单位内网。为了保证数据安全，VPN 服务器和客户机之间的通信数据都进行了加密处理。有了数据加密，就可以认为数据是在一条专用的数据链路上进行安全传输，就如同专门架设了一个专用网络一样，但实际上 VPN 使用的是互联网上的公用链路，因此 VPN 称为虚拟专用网，其实质上就是利用加密技术在公网上封装出一个数据通信隧道。有了 VPN 技术，企事业单位人员无论是在外地出差还是在家中办公，只要能上互联网就能利用 VPN 访问企事业单位内网资源。

## 2. 虚拟专用网的功能特点

### 1）虚拟专用网的功能

虚拟专用网通过隧道或虚电路实现网络互联，在跨地域传输时建立安全的数据专用通道。该通道应具备以下安全要素：保证数据的保密性、完整性和可用性；提供动态密钥交换功能和集中安全管理服务；提供安全防护措施和访问控制等。

### 2）虚拟专用网的特点

（1）虚拟专用网建网快速方便。VPN 能够让应用者使用一种很容易设置的互联网基础设施，让新的用户迅速和轻松地添加这个网络。用户只需将各网络节点采用专线方式接入公用网络，并对网络进行相关配置即可。

（2）虚拟专用网能提供高水平的安全。实现 VPN 主要使用高级的加密和身份识别协议等网络安全技术，在公用网络上建立逻辑隧道和网络层的加密，保护数据避免受到窥探，阻止网络数据被非法修改和盗用。

（3）降低投资，节约成本，简化管理。由于是利用公用网络建立虚拟专网，因而可以不用额外增加网络基础设施投资，节约链路租用费和网络维护费用。大量网络管理及维护工作也由公用服务提供商承担。

虚拟专用网也存在基于互联网的 VPN 的可靠性和性能难于保证，不同厂商的 VPN 产品和解决方案总是不兼容，无线 VPN 的安全风险无有效解决方案等缺陷。

## 3. 虚拟专用网的安全技术

VPN 可以采用多种安全技术来保证安全。主要采用隧道技术、加解密技术、密钥管理技术和身份认证技术等，它们都由隧道协议支持。

### 1）隧道技术

隧道技术是 VPN 的基本技术，是网络中的虚拟点对点连接。它是在企业网络上建立一个数据隧道，数据包通过这条隧道传输。使用隧道传输的数据可以是不同协议的数据帧或数据包。隧道协议将这些其他协议的数据帧或数据包重新封装在新的包头中发送。新的包头提供了路由信息，从而使封装的负载数据能够通过互联网络传送。被封装的数据包在隧道的两个端点之间通过公共网络进行路由传输。

### 2）加解密技术

加解密技术是在 VPN 应用中将认证信息、通信数据等由明文转换为密文和由密文转换为明文的相关技术，其可靠性主要取决于加解密的算法及强度。

3）密钥管理技术

密钥管理技术的主要任务是保证在公用数据网上安全地传递密钥。密钥管理包括密钥的产生到密钥的销毁的各个方面，是管理和控制进程用于生成、存储、保护、传输、加载、使用和销毁密钥，主要表现于管理体制、管理协议及密钥产生、分配、更换和注销等。

4）身份认证技术

在正式的隧道连接开始之前，VPN 要运用身份认证技术确认使用者和设备的身份，以便系统进一步实施资源访问控制或用户授权。远程用户接入认证系统是一种在网络接入服务器和共享认证服务器间传输认证、授权和配置信息的协议，是较常用的身份认证技术。

需要注意的是，2017 年 1 月，工信部出台了《关于清理规范互联网网络接入服务市场的通知》，该通知主要是为了更好地规范市场行为，规范的对象主要是未经电信主管部门批准，无国际通信业务经营资质的企业和个人，针对其租用国际专线或者 VPN，违规开展跨境电信业务经营活动等进行规制。这些规定主要是对那些无证经营的、不符合规范的企业和个人进行清理，对于依法依规的企业和个人不会带来什么影响。

## 🔍 5.3.3 网络软件安全

在提到网络软件安全时，我们通常面对的是网络协议的安全，还有网络软件的安全。

### 5.3.3.1 网络协议的安全

在所有网络软件中，除了网络操作系统外，最重要的莫过于各种各样的网络协议了。网络能有序安全运行的一个重要原因，就是它遵循一定的规范，也就是说，信息在网络中的传递同人在街上行走一样，也要用规则来约束和规范。网络里的这个规则就是网络协议。

### 1. 网络协议

网络协议是网络社会中信息在计算机之间、网络设备之间及其相互之间"通行"的交通规则。在不同类型的网络中，应用的网络通信协议也是不一样的。虽然这些协议各不相同，各有优缺点，但是所有协议的基本功能或者目的都是一样的，即保证网络上信息能畅通无阻、准确无误地被传输到目的地。网络协议也规定信息交流的方式，信息在哪条通道间交流，什么时间交流，交流什么信息，信息怎样交流，这就是网络通信协议的几个基本内容。

网络协议的安全问题比较复杂，有的网络协议约定的规则本身就具有一些安全性问题，如 TCP/IP 协议簇中的若干协议。而有的网络协议制定出来就是为了保证通信安全，如 IP 安全协议、SSL 协议、SSH 协议。

### 2. TCP/IP 协议簇的安全

TCP/IP 是指能够在多个不同网络间实现信息传输的协议簇。TCP/IP 协议不仅仅是指 TCP 和 IP 两个协议，而且是指一个由 FTP、SMTP、TCP、UDP、IP、DNS、ICMP 等协议构成的协议簇，只是因为在 TCP/IP 协议中 TCP 协议和 IP 协议最具代表性，所以被称为 TCP/IP 协议。

TCP/IP 协议是 Internet 最基本的协议，其中应用层的主要协议有 Telnet、FTP、SMTP 等，是用来接收来自传输层的数据或者按不同应用要求与方式将数据传输至传输层；传输层的主要协议有 UDP、TCP，是使用者使用平台和计算机信息网内部数据结合的通道，可以实现数据传输与数据共享；网络层的主要协议有 ICMP、IP、IGMP，主要负责网络中数据包的传送等；而网络访问层，也叫网络接口层或数据链路层，主要协议有 ARP、RARP，主要功能是提供链路管理错误检测、对不同通信媒介有关信息细节问题进行有效处理等。

TCP/IP 协议簇中不同层的不同协议，面临的安全威胁不一样，相应的应对措施也会不同。

（1）链接层面临的安全威胁主要有网络嗅探，会基于数据链接层的广播传送模式，利用网络接口接收不属于本机的数据。可以采用网络分段、数据加密、采用点对点传输等技术手段来防御。

（2）网络层面临的安全威胁主要有 ARP 欺骗、路由欺骗、ICMP 攻击，这些都是协议本身规则上的漏洞引起的。可以采用加密技术、静态绑定、包过滤、更新系统补丁、利用防火墙制定安全策略等措施和技术手段来解决。

（3）传输层面临的安全威胁主要有 IP 欺骗、SYN 攻击、TCP 会话劫持等，都是基于 IP 协议和 TCP 协议规则上的漏洞来实现攻击。可以采用基于密码认证机制、加密技术、部署入侵检测和审计等技术手段和设备来解决。

（4）应用层面临的安全威胁主要有 DNS 欺骗、端口偷窃等，具体防御方法和手段在前文已做过讨论。

### 3. 几个典型的安全协议

#### 1）IPSec 协议

专业人士针对 TCP/IP 协议开发了安全协议包，即 IPSec 协议。IPSec 协议是一个标准的网络安全协议，也是一个开放标准的网络架构，通过加密以确保网络的安全通信。IPSec的作用主要包括确保IP数据安全以及抵抗网络攻击。

IPSec被设计用来提供：

（1）入口对入口通信安全，在此机制下，分组通信的安全性由单个节点提供给多台机器（甚至可以是整个局域网）；

（2）端到端分组通信安全，由作为端点的计算机完成安全操作。

上述的任意一种模式都可以用来构建虚拟专用网（VPN），而这也是IPSec的主要用途之一。

2）SSL协议

安全套接层（SSL）协议是Netscape公司率先采用的网络安全协议。它是在TCP/IP协议上实现的一种安全协议，采用公开密钥技术。SSL协议广泛支持各种类型的网络，同时提供三种基本的安全服务，它们都使用公开密钥技术。

SSL客户机和服务器之间的所有业务都使用在SSL握手过程中建立的密钥和算法进行加密。这样就防止了某些用户通过使用IP数据包嗅探工具非法窃听。尽管数据包嗅探仍能捕捉到通信的内容，但无法破译。

SSL协议的优势在于它与应用层协议无关。高层的应用层协议（例如HTTP、FTP、Telnet等）能透明地建立于SSL协议之上，现在HTTPS已在Web上获得了广泛的应用。SSL协议在应用层协议通信之前就已经完成加密算法、通信密钥的协商以及服务器认证工作。在此之后应用层协议所传送的数据都会被加密，从而保证通信的私密性。

3）SSH协议

安全外壳（SSH）协议是一种在不安全网络上用于安全远程登录和其他安全网络服务的协议。SSH协议之所以能够保证安全，原因在于它采用了公钥加密。整个过程是这样的：

（1）远程主机收到用户的登录请求，把自己的公钥发给用户；

（2）用户使用这个公钥，将登录密码加密后，发送回来；

（3）远程主机用自己的私钥，解密登录密码，如果密码正确，就同意用户登录。

SSH协议是由客户端和服务端的软件组成的，服务端是一个守护进程，在后台运行并响应来自客户端的连接请求。服务端提供了对远程连接的处理，一般包括公共密钥认证、密钥交换、对称密钥加密和非安全连接。客户端包含ssh程序以及scp（远程拷贝）、slogin（远程登录）、sftp（安全文件传输）等程序。

### 5.3.3.2 网络软件的安全

在应用网络软件过程中，网络软件本身在编码和开发过程中就存在漏洞，需要通过更新软件版本、下载软件补丁来保证软件的安全。但在网络上还存在部分软件开发者出于商业目的或破坏目的等开发出来的恶意软件。在信息安全工作中，要学会辨析和了解这些恶意软件。

#### 1. 恶意软件

恶意软件是任何故意设计的给计算机、服务器、客户端或计算机网络（相比之下，软件导致无意的伤害由于一些缺陷通常被描述为一个软件错误）造成损害，干扰计算机正常运行的软件。有各种各样的恶意软件存在，主要包括特洛伊木马、间谍软件、广告软件、流氓软件和恐吓软件等。它们普遍是在未明确提示用户、未经用户许可的情况下被强制安装的，并且难以卸载。

恶意软件除以上特点外，还有以下一些特点。

（1）浏览器劫持，主要指未经用户许可，修改用户浏览器或其他相关设置，迫使用户访问特定网站或导致用户无法上网。

（2）广告弹出，是指未明确提示用户或未经用户许可的情况下，利用安装在用户计算机或其他终端上的软件弹出各种广告等行为。

（3）恶意收集用户信息，是指未明确提示用户或未经用户许可，恶意收集用户信息的行为。

（4）恶意卸载、安装、捆绑，是指未明确提示用户、未经用户许可，误导、欺骗用户卸载非恶意软件，强制安装或捆绑安装非主动安装的软件的行为。

恶意软件常被用于政府或公司网站，以收集受保护的信息或破坏其运行。恶意软件也常被用于针对个人获取信息，例如个人标识号或详细信息，银行或信用卡号及密码。

恶意软件与计算机病毒的区别在于，计算机病毒具备自我复制特性，能"传染"到其他计算机，而恶意软件一般不会主动传播。关于恶意软件对网络用户造成的精神及财产损失，在网络立法上还存在缺失，需进一步完善。

#### 2. 恶意软件的防御

要彻底规避恶意软件几乎是不可能的，但我们可以通过几个重要的措施来预防。

##### 1）安装和维护防病毒软件

当前大部分防病毒软件可识别恶意软件并保护计算机免受恶意软件侵害。安装来自信誉良好的供应商的防病毒软件是预防和检测感染的重要步骤。始终直接访问供应商网站，而不是点击广告或电子邮件链接。由于攻击者不断地制造新病毒和其他形式的恶意代码，因此使计算机上的防病毒软件保持最新非常重要。

2）谨慎使用链接和附件

在使用电子邮件和网络浏览器时采取适当的预防措施以降低感染风险。警惕未经请求的电子邮件附件，并在点击电子邮件链接时小心谨慎，即使它们貌似来自我们认识的人。

3）阻止弹出广告

弹出窗口阻止程序禁用可能包含恶意代码的窗口。大多数浏览器都有一个免费功能，可以启用它来阻止弹出广告。

4）使用权限有限的账户

浏览网页时，使用权限有限的账户是一种很好的安全做法。如果计算机确实受到感染，受限权限可防止恶意代码传播并升级到管理账户。

5）禁用外部媒体自动运行和自动播放功能

禁用自动运行和自动播放功能可防止感染恶意代码的外部媒体在计算机上自动运行。

6）保持软件更新

从官方市场下载正版软件，及时给操作系统和其他软件打补丁。适时安装软件补丁，攻击者就不会利用已知漏洞来破坏。必要情况下可以考虑启用自动更新。

7）资料备份

定期将文档、照片和重要电子邮件备份到云或外部硬盘驱动器。如果发生感染，信息可以通过备份恢复从而不会丢失。

8）安装或启用防火墙

在防火墙上启用访问控制策略，可以在恶意软件进入计算机之前予以阻止来防止某些类型的破坏和攻击。

9）使用反恶意软件工具

反恶意软件工具可以提供实时保护，以防止在计算机上安装恶意软件。这种类型的恶意软件防护与反病毒防护的工作方式相同，因为反恶意软件会扫描所有传入的网络数据以查找恶意软件并阻止其开展任何威胁。

10）避免使用公共 Wi-Fi

不安全的公共 Wi-Fi 可能允许攻击者拦截设备的网络流量并访问个人信息。

### 3. 计算机病毒的防治

计算机病毒是计算机病毒编制者在计算机程序中插入的破坏计算机功能或者破坏数据，影响计算机使用并且能够自我复制的一组计算机指令或者程序代码。要防治计算机病毒，首先要检测和判断是否感染计算机病毒，再通过人工或防病毒软件来干预和处理，直到删除病毒代码，恢复计算机系统正常工作。

1）感染计算机病毒的异常现象

通常可以通过计算机系统表现出来的异常现象，大致判断系统是否感染病毒。常见的感染病毒的异常现象如下。

（1）运行速度缓慢，CPU 使用率异常高。

大多数病毒在动态下都是常驻内存的，从而必然抢占一部分系统资源。病毒所占用的基本内存长度大致与病毒本身长度相当。病毒抢占内存，导致内存减少，一部分软件不能运行，或运行速度缓慢。

除占用内存外，病毒还抢占中断，干扰系统运行。计算机操作系统的很多功能是通过中断调用技术来实现的。病毒为了传染激发，总是修改一些有关的中断地址，在正常中断过程中加入病毒的"私货"，从而干扰系统的正常运行。

计算机病毒还会导致 CPU 使用率突然增高，超过正常值，伴随系统出现异常。可以通过任务管理器查看 CPU 使用率。

（2）出现可疑进程。

如发现系统异常，可以在开机后，不启动任何应用服务，直接打开任务管理器，查看有没有可疑的未知进程。这个需要用户经常查看驻留内存的常见进程，并能有效辨析不明或异常进程。

（3）有规律地发现异常情况，经常死机、蓝屏。

用户访问设备（例如打印机）时发现异常情况，如打印机不能联机或打印符号异常；磁盘的空间突然变小了，或不识别磁盘设备；程序和数据神秘地丢失了，文件名不能辨认；显示器上经常出现一些莫名其妙的信息或异常显示（如白斑、圆点等）；机器经常出现死机现象或不能正常启动；发现可执行文件的大小发生变化或发现不知来源的隐藏文件。受病毒感染而破坏内核模式的设备驱动程序或链接库程序引发异常，引起蓝屏现象。

（4）浏览器出现异常。

浏览器经常莫名地自动关闭，浏览器主页被篡改，强行刷新或跳转网页，频繁弹出广告信息等。

（5）程序图标被篡改或变成空白。

程序快捷方式图标或程序目录的主 EXE 文件的图标被篡改或变成空白，那么很有可能程序被病毒感染。

当然，上述现象也可能是误操作和软硬件故障引起的，需要通过其他方式和防病毒软件来确认和处理。

2）防计算机病毒软件

随着计算机技术的不断发展，计算机病毒也不断涌现出来，防病毒软件也不断更新换代，功能也在逐渐完善。在我国较流行、较常用的防病毒软件有 360 杀毒、金山毒霸、百度杀毒、诺顿防毒、火绒防毒、卡巴斯基等。

防病毒技术主要有以下几种。

（1）特征代码法。

特征代码法是现在大多数反病毒软件静态扫描所采用的方法，是检测已知病毒最简单、开销最小的方法。本方法根据分析收集到的病毒特征码形成病毒代码库，在扫描计算机时将扫描对象与特征代码库比较，如果吻合，则判断为感染了病毒。特征代码法对传统文件型病毒特别有效，对已知特征代码，清除病毒十分安全和彻底。

（2）行为监测法。

行为监测法就是引入一些人工智能技术，利用对病毒特有行为和特性的监测，通过分析检查对象的逻辑结构，将其分为多个模块，分别引入虚拟机中执行并监测，从而查出使用特定触发条件的病毒。

当前，单机部署防病毒软件已成常态，将来云安全才是信息安全的主流防护平台。

云安全是网络时代信息安全的最新体现，它融合了并行处理、网格计算、未知病毒行为判断等新兴技术和概念，通过网状的大量客户端对网络中软件行为的异常监测，获取互联网中木马、恶意程序的最新信息，推送到服务端进行自动分析和处理，再把病毒和木马的解决方案分发到每一个客户端。

未来杀毒软件将无法有效处理日益增多的恶意程序。来自互联网的主要威胁正在由电脑病毒转向恶意程序及木马，在这样的情况下，采用的特征库判别法显然已经过时。云安全技术应用后，识别和查杀病毒不再仅仅依靠本地硬盘中的病毒库，而是依靠庞大的网络服务，实时进行采集、分析以及处理。整个互联网就是一个巨大的"杀毒软件"，参与者越多，每个参与者就越安全，整个互联网就会越安全。

3）积极的防病毒措施和方法

除了安装防病毒软件来加强计算机病毒防护外，也可以应用一些积极的防病毒措施和方法。

（1）首先要到防病毒软件的官方网站下载、安装防病毒软件，在非官方网站或搜索并链接到非法网站后下载的防病毒软件可能本身就是病毒。

（2）使用常用的、口碑良好的搜索引擎搜索信息，如国内最大的搜索引擎——百度搜索。

（3）使用在线杀毒来检测中毒状况。电脑中病毒了且安装的杀毒软件查不出来，可以尝试用在线杀毒系统进行检测查杀。

（4）定期检查开机时自动启动运行的进程，时常对比发现可疑进程并禁用。

（5）在及时更新升级软件版本和定期扫描的同时，保持系统软件处于最新版本。当然也要注意新版本可能占用更多的系统资源。

（6）注意充实自己的计算机安全以及网络安全知识，做到不随意打开陌生的文件或者不安全的网页，不浏览不健康的站点，注意更新自己的隐私密码。

（7）对于反复查杀杀不掉的病毒，重新启动系统进入安全模式去查杀，或能取得极佳的效果。

## 🔍 5.3.4　无线通信网络安全

当前无线通信技术已在信息化系统部署中广泛运用，对无线网络的安全问题也应加强了解和关注。有线网络可以通过加强物理传输信道的安全来保证数据传输安全，而无线网络因其无线信号的开放性，数据泄露等安全问题尤为突出。

### 5.3.4.1　无线通信技术

无线通信技术是利用电磁波信号能在空间中自由传播的特点来进行信息交换的一种通信方式，具有使用方便、扩展性好、无须布线、移动部署等特点。在信息化系统建设发展中，无线通信及网络技术也极大满足了场所集群通信、信息管理、便捷指挥的需求。

1. 常见无线通信技术

随着科技的高速发展无线技术也有着日新月异的进步，基本上一种新的无线技术出现，智能无线产品中都会立即跟进。

常见无线通信技术主要包括红外、Wi-Fi、ZigBee、蜂窝移动通信、蓝牙、RFID 等。

1）红外

红外传输是目前使用最广泛的通信和遥控的技术手段。

红外遥控装置具有体积小、功耗低、成本低等特点。现在的家用电视、空调等电器基本都使用红外遥控技术。

红外探测技术分为主动式红外探测和被动式红外探测两类。

主动式红外探测是通过红外线发射器发出一束或者多束经过调制处理的平行红外光束，由红外线接收器进行接收并转换为数字信号发送给报警控制器，若传输区间出现障碍物，就会触发报警。

主动式红外探测在周界防御报警系统中有着广泛应用。例如，在禁止通行区两侧安装一对红外发射器和接收器，如果有物体通过，就会马上报警。

无线红外技术最大的优点是带宽大，甚至超过其他几种主流无线技术。

2）Wi-Fi

Wi-Fi 是一种可以将个人计算机、手持设备（手机、平板电脑等）等终端以无线方式互相连接的技术。几乎所有智能手机、平板电脑和笔记本电脑都支持 Wi-Fi 上网，Wi-Fi 是当今使用最广泛的无线网络传输技术。

Wi-Fi 俗称无线宽带，是一种短程无线通信技术，能够在数百英尺（1 英尺 ＝ 0.3048 米）范围内支持互联网接入的无线电信号。

Wi-Fi 的主要优点有：第一，无线电波的覆盖范围广，半径可达 100 米，不仅能覆盖一间几十平方米的办公室，甚至一个几十米高的大楼都可以全部覆盖。第二，传输速度非常快，以 IEEE 802.11be 为标准，最高可以达到 30Gbps。

3）ZigBee

ZigBee 是一种近距离、低复杂度、低功耗、低速率、低成本的双向无线通信技术，主要用于距离短、功耗低并且数据传输速率不高的场合。把 ZigBee 技术、GPS 技术以及 GIS 技术应用到场所监控系统，实现对被管控人员进行跟踪定位监控，能使场所管理工作更加安全和便利，具有很大的实用价值。

ZigBee 数传模块的通信距离一般在数百米，也可达到数千米，并且支持无线扩展。

4）蜂窝移动通信

蜂窝移动通信是采用蜂窝无线组网方式，在终端和网络设备之间通过无线通道连接起来，进而实现用户在活动中可相互通信。

蜂窝移动通信能通过由基站子系统和移动交换子系统等设备组成的蜂窝移动通信网，提供语音、数据、视频等业务。

3G 的主要特征是可提供移动宽带多媒体业务，其中高速移动环境下支持 144 Kbps 速率，步行和慢速移动环境下支持 384 Kbps 速率，室内环境支持 2 Mbps 速率数据传输，并保证高可靠服务质量（QoS）。4G 提供更高的传输速率，4G 静态传输速率达到 1 Gbps，高速移动状态下可以达到 100 Mbps。

5G 是继 3G 和 4G 之后的第五代蜂窝移动通信技术，它使用混合网络频段，通常分为低、中、高频段，低频段 5G 频率范围在 600～850 MHz 之间；中频段 5G 频率范围在 2.5～3.7 GHz 之间；高频段 5G 频率范围在 25～39 GHz 之间。只有了解了频率频谱情况，才能在某些特殊要求下有指向性地屏蔽通信信号。

5）蓝牙

蓝牙属于个人无线网络的范畴，是一种在消费者市场中定位良好的短距离通信技术。新蓝牙技术具有低功耗特性，进一步优化了消费者物联网应用。

支持 BLE（蓝牙低功耗）的设备主要与电子设备（通常是智能手机）结合使用，这些设备充当向云传输数据的枢纽。如今，BLE 广泛集成在健身和医疗可穿戴设备（如智能手表、血糖仪、脉搏血氧计等）及智能家居设备（如门锁）中，通过这些设备，可以方便地将数据传输到智能手机并在智能手机上实现可视化。在安防领域，BLE 主要应用于人员定位、信息跟踪。

6）RFID

RFID（射频识别）使用无线电波在很短的距离内将少量数据从射频识别标签传输到阅读器。

迄今为止，这项技术推动了零售业和物流领域的重大革命。

通过在各种产品和设备上贴上射频识别标签，企业可以实时跟踪其库存和资产，从而实现更好的库存和生产计划以及优化的供应链管理。在某些场所信息化应用中，RFID 主要用于人员身份识别、点名签到、信息统计及物品管理。

## 2. 无线通信安全威胁

无线通信安全威胁跟网络安全威胁有相通之处，也有其独有的特点。

1）信息重放

在没有足够的安全防范措施的情况下，很容易受到利用非法 AP（无线接入点设备）进行的中间人欺骗攻击。对于这种攻击行为即使采用了 VPN 等保护措施也难以避免。中间人攻击则对授权客户端和 AP 进行双重欺骗，进而对信息进行窃取和篡改。

2）WEP 破解

现在互联网上已经普遍存在着一些非法程序，能够捕捉位于 AP 信号覆盖区域内的数据包，收集到足够的 WEP 弱密钥加密的包并进行分析以恢复 WEP 密钥。根据监听无线通信的机器速度、WLAN 内发射信号的无线主机数量，最快可以在两个小时内攻破 WEP 密钥。

3）网络窃听

一般说来大多数网络通信都是以明文格式出现的，这就会使处于无线信号覆盖范围之内的攻击者可以乘机监视并破解通信。由于入侵者无须将窃听或分析设备物理地接入被窃听的网络，这种威胁已经成为无线局域网面临的较大问题之一。

4）假冒攻击

某个实体假装成另外一个实体访问无线网络，即所谓的假冒攻击。在无线网络中，移动站与网络控制中心及其他移动站之间不存在任何固定的物理连接，移动站必须通过无线信道传输其身份信息，身份信息在无线信道中传输时可能被窃听，当攻击者截获某一合法用户的身份信息时，可利用该用户的身份侵入网络。

### 5.3.4.2　无线通信安全管控

为保证部分场所通信指挥系统的独立性，并对场所内管理对象实施通信管制，在场所控制范围内必须实施严格的无线通信安全管控。

#### 1. 数字集群通信技术

目前，公安、司法部门都普遍应用警务通设备，它实际上是集群通信技术在政法系统的应用体现。

数字集群通信系统是一种采用数字调制技术，实现频率资源共享、无线信道动态分配功能，主要用于指挥调度的移动通信系统。数字集群通信系统主要以专网方式为用户提供组呼、紧急呼叫、监听、优先呼叫等公众移动通信无法提供的特色业务，广泛用于政务、公安、应急、机场、港口、城市轨道交通等领域。

集群通信系统除具有普通电话的功能外，还具有以下功能。

1）用户的分级管理功能

集群系统把用户分成若干个群组，每个群组具有不同的优先级别。在每个群组内还可以为用户设置不同的优先级，在通话过程中，本组高优先等级的组成员可以直接抢占低优先级组成员的话权。

2）一呼百应的呼叫功能

集群系统提供了组呼、紧急呼叫和广播呼叫等 3 种"一呼百应"的功能。所谓组呼，就是指用户发起的一对多的对讲呼叫，组内成员可以通过按 PTT 键申请话权讲话。通话过程中，同时只能有一个成员讲话，其他成员只能听。紧急呼叫是一种在紧急情况下的特殊对讲方式，具有最高呼叫优先级，用以在最短时间内以最便捷的方式将信息通报给预先指定的用户或者群组。广播呼叫是一种特殊的组呼，与普通组呼的不同点在于，只有主叫可以讲话，而被叫方没有话权。

3）遥毙和复活功能

当某一集群终端不慎遗失或者其他特殊情况发生时，为避免重要信息外泄，此时管理者可以使用遥毙功能进行空中杀机，使其不能开机使用；对于可恢复的遥毙，系统也可以使用复活功能使该终端正常使用。

4）共用频率

将原分配给各部门的少量专用频率集中管理，供各家一起使用，从而提高频率资源的有效利用率。这就像汽车和马路一样，当只有一条车道时，汽车只能在这条车道上按序行进，汽车可能行驶较慢；当有两个以上车道时，汽车就可以"见缝插针"。这就是"共享"，通过"共享"，可以极大地推进汽车的行进速度，提高汽车的流量。

5）共用设施和共享覆盖区

由于频率共用，就有可能将各家分建的控制中心和基地台等设施集中合建，形成更大的覆盖区域，各家可以设置虚拟控制台来控制联络自己的用户，从而极大地节省网络投资。

6）改善服务

共同建网，则信道共用可调剂余缺，共同建网时总信道所能支持的总用户数要比分散建网时这些总信道分散到各网的各自信道所能支持的用户数总和大得多，因而也能改善服务质量；集中建网还能加强管理和维护，因而可提高服务等级、增强系统功能。

集群通信系统的功能特性，极大地满足了某些内部安全通信的需求，现在数字集群通信技术已基本全面覆盖各现代化管理场所。

## 2. 无线通信安全管控

当前，无线通信技术中，移动通信技术、无人机技术对场所管控的安全威胁越来越大，必须采取必要的技术手段和措施来实现安全管控。

在采用无线通信屏蔽技术的实践中，管理部门也需在适应通信技术的变化不断革新。

1）分布式、信令级智能屏蔽技术阶段

随着4G通信网络的商用，对手机信号管控也提出了更高的技术要求和性能要求，新一代的信号管控系统除了要解决无盲点、全区域、全制式屏蔽问题外，还要能很好地实现自适应性、平滑演进，同时对屏蔽的周界精度、绿色环保、节能节电以及工程部署便捷等提出了更高要求。

一种基于信令级的分布式智能屏蔽技术产生了，适应了无线技术新变化下信息管控的需求。这种技术的核心点既有别于传统的功率压制，也不同于伪基站所依赖的高电平信号吸附，而是通过解调、解码公网信号的同步和导频信道，重新编码，从根本上切断手机与网络的联系，实现无盲点屏蔽。更重要的是，基于这种创新技术的新一代屏蔽方式，仅需传统屏蔽器 1/300 的功率即可实现信号屏蔽。

2）超低功耗屏蔽与 4G 选通阶段

通过解调、解码公网信号的同步和导频信道，重新编码，从根本上切断手机与网络的联系，实现无盲点屏蔽。同时，对所有重新编码的信号进行分类管控，可以设置黑白名单。如果是白名单的手机号码，该系统会恢复其与运营商基站的通信，从而可以实现 4G 业务，尤其是数据业务；如果不是授权用户，则无法实现 4G 通信。

此阶段屏蔽与通信系统，不但实现屏蔽功能，还保留了授权用户的通信功能，从而满足场所内的移动保密通信需求。屏蔽系统采取分布式部署方案，在室内的发射功率约 2 毫瓦，是传统屏蔽的四百分之一，更加绿色环保。

随着 5G 的逐步商用，该系统可以平滑过渡到 5G 新的屏蔽与选通，避免了以前屏蔽系统总是跟不上技术发展的困境。

# 5.4　项目实施

## 🔍 任务 5-1　运用自带防火墙实现服务器安全

**任务描述**

小李在某单位办公室工作，想在自己使用的计算机上构建更为完全的安全配置。根据所学内容，想利用 Windows 系统自带的防火墙软件实现较高的安全设定。

**任务实施**

（1）接上章任务 4-1。在防火墙高级设置对话框选择"入站规则"（见图 5-5），点选右侧边栏的"新建规则"选项。

（2）进入"新建入站规则向导"对话框，选择"要创建的规则类型"下的"端口"选项（见图 5-6），点击下一页。

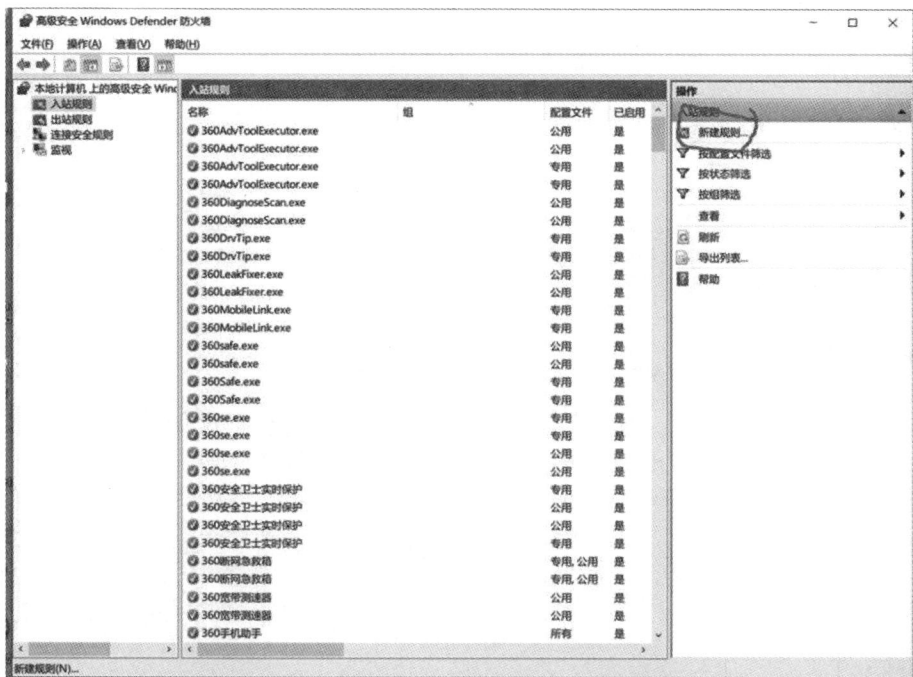

图 5-5 "入站规则"

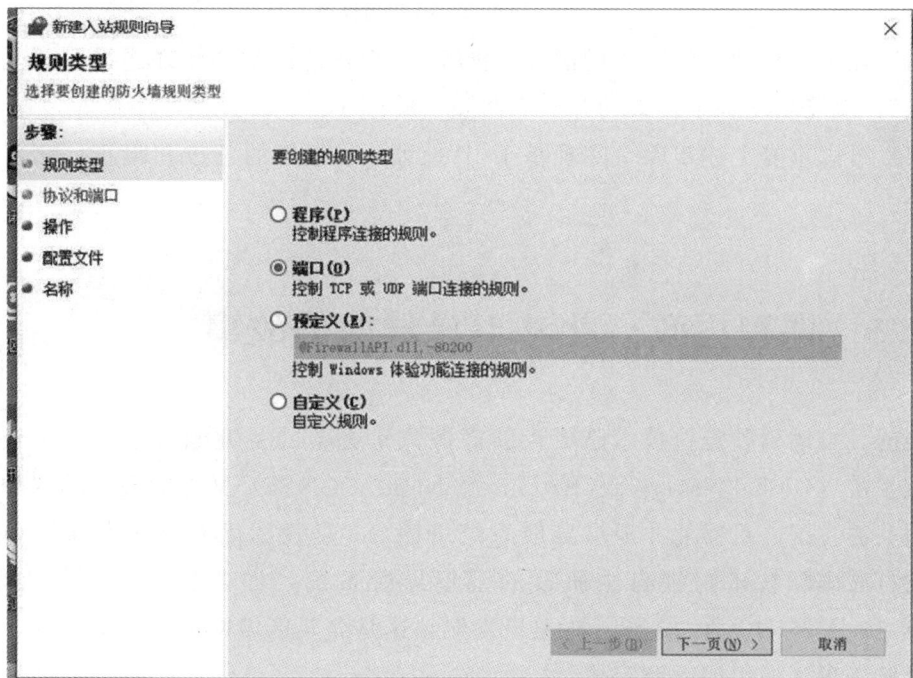

图 5-6 "端口"选项

（3）在出现的对话框中，可以根据自己的需要选定规则应用的协议是 TCP 还是 UDP（见图 5-7），再在特定本地端口中指定需要的端口。

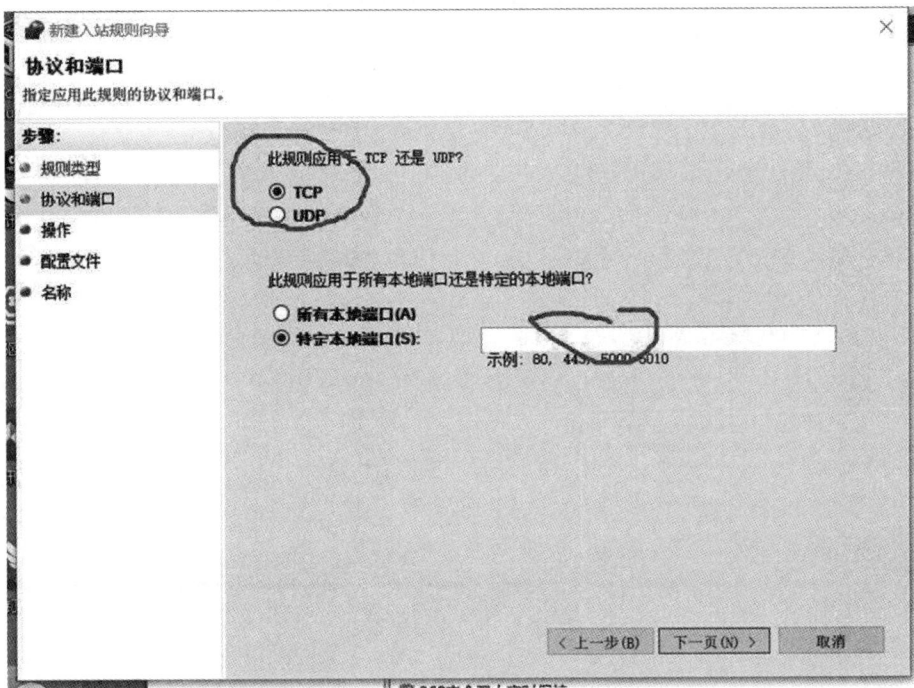

**图 5-7　选定规则应用的协议**

（4）在下一页"操作"对话框（见图 5-8）中，选择是"允许连接"还是"阻止连接"，就能实现基于端口的开放和阻止的管理了。

（5）可以重复上述步骤，实现基于 IP 地址、程序等的开放和阻止，完善服务器安全。

# 5.5　课程思政：北斗卫星导航的故事

当前，自动驾驶定位技术已成为新能源汽车必备的关键能力之一。而全球卫星导航系统（Global Navigation Satellite System，GNSS）又是实现自动驾驶融合定位的关键。国之重器北斗卫星导航系统（BDS）是我国优秀科学家通过艰辛科技攻关打破国际技术封锁自主研发的卫星导航系统。北斗卫星不断升向太空。2012 年 10 月 25 日，第 16 颗北斗卫星发射，这是北斗区域网最后一颗卫星，北斗卫星导航工程区域组网顺利完成。

北斗卫星导航系统已成为继美国 GPS、欧盟伽利略卫星导航系统后较优秀的卫星导航系统之一，具备非常重要的战略意义。

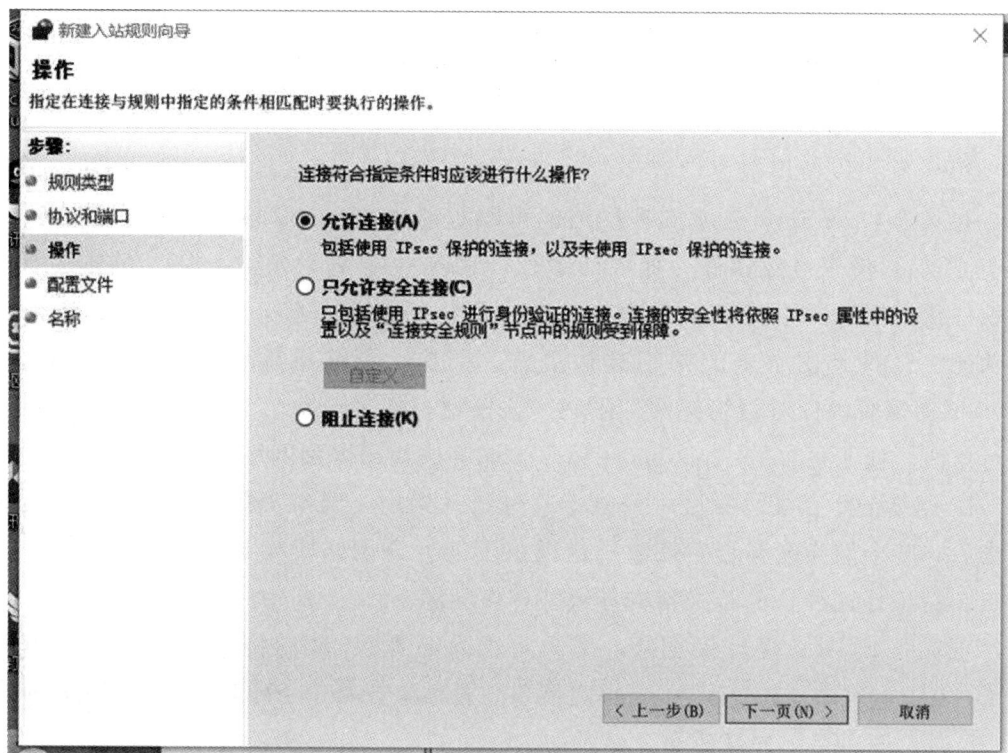

**图 5-8 "操作"对话框**

可能有很多人不知道的是，1993 年 7 月 23 日，波斯湾晴空万里，我国银河号货轮正在执行运输任务，其导航系统正是美国的 GPS。美国以船上有违禁品为由，要求银河号停航并接受美国登船检查货物。

而后，美国单方面关闭了银河号的 GPS。银河号在公海上迷航，顶着约 50℃的高温漂泊了数十天。最终美国先后两次登船检查，在确认银河号上并没有违禁品后，飘然离去并拒绝道歉。

银河号事件让国家明白了，没有卫星导航系统，就没有军事能力的独立。自主研发自己的卫星导航系统成为保障国家安全的必然要求。

1994 年，国家批准北斗一号工程即刻立项；2000 年，北斗一号首颗卫星从大凉山冲向太空；2020 年，北斗三号最后一颗卫星在西昌成功发射，北斗导航系统正式组网完成。

北斗卫星导航系统从立项到组网完成，用了整整 26 年，再到超越 GPS 实现北斗卫星导航系统主导，用了 28 年。28 年间，科研人员筚路蓝缕，以启山林，个中艰辛，难以言尽。

# 5.6 拓展提升：软件定义网络（SDN）

2006 年，以斯坦福大学教授 Nike Mckewn 为首的团队提出了 OpenFlow 的概念，并基于 OpenFlow 技术实现网络的可编程能力（OpenFlow 只是实现 SDN 的一个协议），使网络像软件一样灵活编程，SDN 技术应运而生。SDN 的本质是网络软件化，提升网络可编程能力，是一次网络架构的重构，而不是一种新特性、新功能。SDN 将比原来的网络架构更好、更快、更简单地实现各种功能特性。SDN 试图摆脱硬件对网络架构的限制，这样便可以像升级、安装软件一样对网络进行修改，便于更多的 App（应用程序）能够快速部署到网络上。

IP 网络的生存能力很强，得益于其分布式架构。当年美国军方希望在遭受核打击后，整个网络能够自主恢复，这样就不能允许网络集中控制，不能存在中心节点。但正是这种全分布式架构导致了许多问题。

现在的 IP 网络管理很复杂，举个运营商部署 VPN 的例子：要配置 MPLS、BFD、IGP、BGP、VPNV4，要绑定接口，且需要在每个 PE 上配置。当新增加一个 PE 时，还需要回去修改每个涉及的 PE。

现在网络设备都太复杂了，并且还有若干不同的网络设备厂商。要实现不同厂商的不同网络设备的管理配置，需要掌握的命令行可能超过 10000 条，而其数量还在增加。如果网络管理者准备成为 IP 资深专家，则需要阅读网络设备相关 RFC 2500 篇。如果一天阅读一篇，可能需要 6 年多时间才能看完。而这只是整个 RFC 的 1/3，其数量还在增加。

此外，这些协议标准都是在解决各种各样的控制面需求，而这些需求都需要经过需求提出、定义标准、互通测试、现网设备升级来完成部署，一般要 3～5 年才能完成部署。这样的速度，已经满足不了网络上运营业务的各种快速网络调整需求，必须想办法解决这个问题。SDN 是目前系统性解决以上问题的最佳方案。

**思考题**

（1）信息化系统建设中会存在大量的 Web 应用服务器，在 Web 应用服务器安全上应该注意哪几个层面的问题？

（2）为保障服务器的系统安全，可以采取的技术措施和管理措施有哪些？

（3）在信息化系统网络部署和设计中，如何高效解决内网、外网、专网之间的管理分类和应用？

（4）如何采取严密措施，提高网络软件的安全防范和应用成效？

（5）无线通信安全存在哪些新形势下的安全威胁？

# 应用安全管控

## — 6.1 项目导入

信息化系统服务于企业单位日常业务工作，基于不同业务工作流程和需求会开发大量网络应用程序和信息化应用平台。传统的网络应用采用的是 C/S 架构；随着浏览器的普遍应用，现在软件应用轻量化发展促成了 B/S 架构的大规模大范围的应用。相关数据显示，大部分网络应用载体都采用了 Web 技术。

应用安全技术就是指以保护特定应用为目的的安全技术。本项目主要讨论应用安全的架构和逻辑概念、Web 应用安全涉及的内容、常用的 Web 安全技术手段、应用安全管控体系机制等。

## — 6.2 能力目标和要求

对应用安全管控知识的学习，重点是要了解网络应用的技术架构和工作原理。在学习和分析业务流程的基础上，采取必要的技术和策略手段来实施应用安全是关键。研究和掌握网络应用安全的内容和技术手段，提升安全防范意识，保障网络应用正常运作是必然要求。

学习完本项目，应达到以下能力目标和要求。

（1）了解和掌握应用安全的基本概念和涉及内容。

（2）了解和掌握应用安全的逻辑架构。

（3）了解和掌握 Web 应用安全的知识和概念。

（4）了解和掌握邮件应用安全的内容和知识。

（5）了解和掌握应用安全内容过滤的知识。

（6）了解和掌握应用安全审计的知识。

（7）了解和掌握应用安全认证的知识。

# 6.3　应用安全知识概念

## 6.3.1　应用安全

应用安全是指信息化系统各类应用系统的开发、部署和使用安全。

应用系统的安全和其自身的设计和实现技术密切相关，其存在的漏洞也会给系统的安全带来严重的隐患，因此将应用安全技术和应用系统相结合是防护应用层安全的重要手段。

### 6.3.1.1　应用安全的三张网

应用系统依赖各类网络作为基本运行条件，企事业单位网络一般包括综合信息网、内部办公网、互联网。

综合信息网是企事业单位网络的核心应用承载网络，主要承载信息发布、企事业宣传、资源共享和企业对外交互业务等。

内部办公网主要包括企业 OA 办公系统、资产管理系统、财务装备系统、人事管理系统、考核评价系统、任务流程系统、安防监控系统、视频会议系统及各项业务管理系统等；

互联网主要用于企事业员工对外接入互联网，解决互联网访问、政务信息公开、业务评价、信息交互交流、信息查询等需求。

根据不同企事业单位业务范围和流程、受众面向，基于综合信息网、内部办公网和互联网的各类应用都需要进行个性化的开发、部署和使用。

### 6.3.1.2　应用安全逻辑架构

信息安全需要构建信息系统的安全技术体系、安全管理体系，形成集防护、检测、响应、恢复于一体的安全保障体系，从而实现物理安全、网络安全、系统安全、数据安全、应用安全和管理安全，以满足信息系统全方位的安全保护需求。同时，由于安全的动态性，还需要建立安全风险评估机制，在安全风险评估的基础上，调整和完善安全策略，改进安全措施，以适应新的安全需求，保证长期、稳定、可靠运行。

先进的信息化系统建设采用基于云架构的信息技术，云架构由下向上分为 IaaS 层（基础设施即服务）、PaaS 层（平台即服务）、SaaS 层（软件即服务）（见图 6-1），应用安全主要业务范围包括 SaaS 层的业务应用安全和 PaaS 层技术体系中的应用安全。

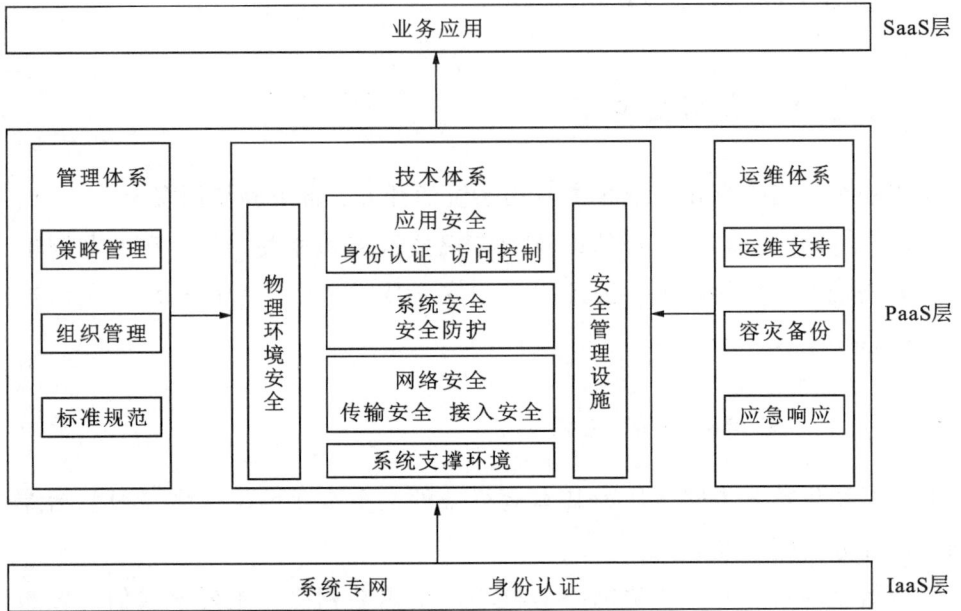

图 6-1　应用安全在安全支撑架构中的逻辑关系图

## 1. SaaS 服务

应用服务 SaaS 是建立在 PaaS 层之上，通过网络提供软件的服务模式。应用服务提供商将应用软件统一部署在 PaaS 层上，用户可以根据自己实际需求，通过网络向应用服务提供商订购所需的软件服务，并通过网络获得厂商提供的服务。

应用服务 PaaS 和基础资源服务 IaaS 降低开发者的难度，在提高开发效率的同时提供了弹性扩展和高可用性。云应用服务 SaaS 则直观地让最终用户感受到了云计算带来的便利。用户不用再开发软件，而向提供方租用基于 Web 的软件，来管理部门活动，且无须对软件进行维护，服务提供方会全权管理和维护软件。软件厂商在向客户提供应用的同时，也提供软件的离线操作和本地数据存储，让用户随时随地都可以使用其订购的软件和服务。

## 2. SaaS 服务建设内容

云应用服务 SaaS 提供的服务有业务管理系统、行政管理系统、ERP 服务平台等。

SaaS 服务模式下建设的云应用服务将应用软件部署在统一的云平台上，节约了各级职能部门在服务器硬件、网络安全设备和软件升级维护方面的支出。云应用服务建设部门为职能部门搭建信息化所需要的网络基础设施及软件、硬件运作平台，并负责前期实施、后期维护等一系列服务，部门无须采购软硬件、建设机房、招聘 IT 人员，即可通过网络使用信息系统。云应用服务平台将应用软件统一部署在统一的平台上，各部门可以根据自己的实际需求，通过网络访问同一平台的应用软件服务。各部门不用再购买软件，且无须对软件进行维护，同时软件的离线操作和本地数据存储可以保证各部门各自的数据安全。

## 3. SaaS 应用安全思路

SaaS 位于 IaaS 和 PaaS 之上，SaaS 能提供独立的运行环境，用以交付完整的用户体验，包括内容、展现、应用和管理能力。SaaS 层的安全，主要包括应用安全。当然也包括数据安全、加密和密钥管理、身份识别和访问管理、安全事件管理、业务连续性等。

SaaS 层安全技术实现措施是让云平台结合防火墙、IPS 等网络安全防护，通过认证服务器、动态身份认证服务器实现用户身份的强认证、访问控制以及数据的加解密，通过网页防篡改增强 Web 应用服务器安全，通过不同层次的高可用解决方案实现业务连续性。

## 🔍 6.3.2 Web 应用安全

### 6.3.2.1 Web 应用加固

云服务推动了网络的 Web 化趋势。与传统的操作系统、数据库、C/S 系统的安全漏洞相对，多客户、虚拟化、动态、业务逻辑服务复杂、用户参与等，这些 Web2.0 和云服务的特点，对网络安全来说意味着巨大的挑战，甚至面临灾难性威胁。因此，在云计算中，对于应用安全，尤其需要注意的是 Web 应用安全。

Web 系统漏洞层出不穷，主要包括两个方面：一是 Web 应用漏洞，即 Web 应用层的各项漏洞，包括 Web 应用主流的安全漏洞、网页挂马、恶意代码利用的漏洞等；二是 Web 代码漏洞，即 Web 应用系统在开发阶段遗留下来的代码漏洞，包括 SQL 注入漏洞、跨站脚本漏洞、CGI 漏洞和无效链接等。

云平台 SaaS 应用在开发之初，应充分考虑到安全性，制定并遵循适合 SaaS 模式的 SDL（安全开发生命周期）规范和流程，从整个生命周期上去考虑应用安全。

对于 Web 应用系统，其防护是一个复杂的问题，包括应对网页篡改、DDoS 攻击、导致系统可用性问题的其他类型黑客攻击等各种措施；云计算数据中心采用的技术防护措施有身份认证访问控制、Web 应用配置加固、漏洞管理、Web 应用防护抗攻击系统等。

### 6.3.2.2　网页防篡改

政务公开云平台对公众提供的服务网站因需要被公众访问而暴露于因特网上，因此容易成为黑客的攻击目标。虽然目前已有防火墙、入侵防御等安全防范手段，但现代操作系统的复杂性和多样性导致系统漏洞层出不穷、防不胜防，黑客入侵和篡改页面的事件时有发生。网页防篡改通过 Web 服务器核心内嵌技术，使用密码技术，为每个需保护的对象（静态网页、执行脚本、二进制文件）计算出具有唯一性的数字水印。公众每次访问网页时，都将网页内容与数字水印进行对比计算；一旦发现网页被非法修改，则立即进行自动恢复，从而彻底保证非法网页内容不被公众浏览。另外，它也辅助使用了增强型事件触发式技术，从而能够在部分操作系统上防止常规的篡改行为。

网页防篡改系统综合考虑了广泛使用的 IIS/Apache 服务器对于 Web 攻击的特殊防护需求，基于最为稳定和高效的 IIS/Apache 模块技术构建，稳定性好、效率高、透明化，与 IIS/Apache 内核完美集成。网页防篡改系统对 SQL 注入攻击，跨站攻击、溢出代码攻击，对系统文件的访问、特殊的 URL 攻击、构造危险的 Cookie，对危险文件类型的访问，对危险文件路径的访问等，均能进行不间断的有效检测、阻止与保护，并根据自动化攻击工具和手工攻击方式灵活调整安全保护策略。

### 6.3.2.3　Web 应用用户管理

通过建立统一用户管理系统，为各业务部门信息化的各应用子系统提供通用的、支撑性的用户管理，实现可靠访问控制，提供用户管理的高效性，降低后台管理人员的维护工作量，并通过共享的用户信息服务，将各应用系统有机整合在一起，实现互联互通，消除信息孤岛。

统一用户管理采用基于角色的访问控制（RBAC）授权管理模型，通过角色信息与应用系统内部权限信息的映射，形成"用户-角色-权限"三元对应关系，对各类用户进行严格的访问控制，以确保应用系统不被非法或越权访问，防止信息泄露。

统一用户管理包括用户管理、角色管理、权限管理、统一身份认证、单点登录和数据同步管理。

### 1. 用户管理

为各业务部门信息化项目提供统一管理用户的界面。用户管理集中统一后，每个用户账号只申请一次，这样可以减少用户身份的副本，增加安全性，用户数据只维护一次即可到处使用。

用户管理除了提供单个录入的方式外，还提供方便的批量导入的方式，批量导入的数据经校验后直接进入到系统中。

在用户管理中，可以通过维护用户与角色的关系，来增加或撤销用户已有的角色。然后通过"用户-角色-权限"三元对应关系，可以获取用户具有的权限。

为了避免密码泄露，系统在进行密码存储和传输时，一律采用不可逆加密的方式。为了防止对简单密码的猜测，初始密码随机生成，随机密码为大写字母、数字和小写字母的随机组合。

### 2. 角色管理

在基于角色的访问控制（RBAC）权限模型中，角色处于核心的位置。角色与用户关联、与权限关联，在有用户组的模型中，角色还可以和用户组关联，在更灵活的基于角色的访问控制模型中，角色还可以和组织机构关联。

访问控制都集中在角色与权限的关联上，不同用户拥有不同的角色，不同角色拥有不同的权限。通过获取用户的角色合集，最终可以得到用户拥有的权限合集，从而可以对用户能访问的内容进行控制，不同权限拥有不同的访问。

### 3. 权限管理

权限管理包括功能权限和数据权限管理。功能权限主要是控制菜单、按钮等某项具体功能。数据权限主要是控制在同一个功能下，能够看到的数据范围（包括数据项和数据记录集的数目）。

与用户管理相似，在权限管理中，可以通过维护权限（包括功能权限和数据权限）与角色的关系，来增加或撤销角色已有的权限，然后通过"用户-角色-权限"三元对应关系，可以获取用户具有的权限。

### 4. 统一身份认证

身份认证采用中央认证服务的方式来完成，每个系统不再需要自己的身份认证，实际的身份认证都自动转发到中央认证服务，由中央认证服务来完成。

中央认证服务提供多种接口的方式，可以提供关系数据库、轻量级目录访问协议和 Web 服务等多种方式。也可以兼容多种不同系统，可以与 PHP、ASP. NET 等系统进行集成以提供统一身份认证服务。

在项目建设中，为了保证现有系统的已有风格，统一认证可以保留原有的认证界面，对原有系统做适当的配置即可完成统一身份认证。

### 5. 单点登录

用户经统一身份认证之后，如果需要进入其他系统，不需要再次登录认证，从而为用户提供多应用系统方便的单点登录功能，实现"一点登录、多点漫游"的功能。

### 6. 数据同步管理

每个应用系统可能会需要与用户管理相关的数据，统一用户管理提供了数据同步功能以满足这种需求。

数据同步分为全量和增量两种方式，同步可以配置定时触发来实现。对于用户、角色和组织机构等信息的修改，可以增量的方式自动同步到其他各系统。用户、角色和组织机构等信息也可以通过手工或定时全量同步到其他各系统。

### 6.3.2.4  Web 应用日志监控

日志监控是系统安全的重要措施之一。作为应用系统提供的日志监控功能，每一个系统的日志监控功能仅提供针对应用操作的日志监控，只实现到应用功能级的监控。日志监控的完整体系结构如图 6-2 所示。

从流程上看，日志监控包括以下几个关键功能。

（1）日志记录：将需要进行日志监控的应用操作进行日志记录，此功能由应用程序完成，具体记录的内容包括 IP 地址、用户名、时间、功能编号等。

（2）日志配置：对日志监控所需要的参数进行配置。

（3）日志查询：查询已经保存的日志记录。

（4）日志备份/转移：进行日志的备份和转移工作。

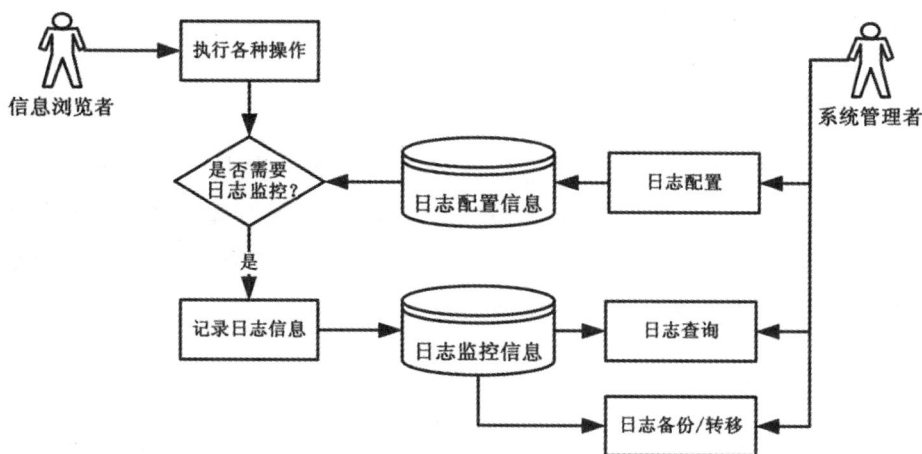

图 6-2 日志监控的完整体系结构

### 6.3.2.5 审计与监督

平台中每一项与安全相关的操作都要有记录，记录下操作的人、时间、操作对象、操作结果（成功、失败）等属性，形成审计记录，保留必要的时限以供审查。审计记录用于分析平台的安全状态，在没有发生事故时可及时发现安全隐患，采取补救措施。发生事故时可用于追查责任人，防止责任人抵赖应负的责任。对于要修改的数据，修改前要记录历史数据，以便在误操作后可以从历史数据得到恢复。

### 6.3.2.6 接口安全性

对外接口一定要约定双方认可的安全协议，安全协议中的参数采用 DES 或 MD5 的方式加密，安全协议参数中一定要有时间戳，并在一定范围内失效，以防某个链接频繁发起对系统的恶意攻击。接口中必须要有安全头参数，认证通过后才允许连接。

## 6.3.3 邮件安全

互联网邮件系统用于与网络其他用户进行信息沟通，综合信息网邮件系统用于内部办公活动中的信息互动，因此，邮件系统安全在信息化系统应用安全中显得较为重要。

### 6.3.3.1 电子邮件的安全问题

#### 1. 邮件病毒

邮件病毒一般是通过邮件中的附件进行扩散。邮件病毒已成为病毒发展的主流，目前多数蠕虫病毒都可以通过邮件方式传播。邮件蠕虫病毒使用自己的 SMTP，将病毒邮件发送给搜索到的邮件地址，一旦用户打开带有病毒的邮件或运行病毒程序，则该计算机会马上感染病毒。

#### 2. 邮件炸弹

炸弹攻击的基本原理是，利用特殊工具软件，在短时间内向目标机集中发送大量超出系统接收范围的信息，目的在于使目标机出现超负荷、网络堵塞等状况，从而造成目标机的系统崩溃及拒绝服务。常见的炸弹攻击有邮件炸弹、逻辑炸弹、聊天室炸弹、特洛伊木马等。

#### 3. 密码问题

密码为抵御对邮件系统的非法访问构筑了第一道防线，但是经常被人们低估甚至忽略。如果要想设置一个好的密码，用户就要站在一个破解者的角度去思考。破解者最容易想到的是生日、电话号码、车牌号、工号等，显然这些是我们生活中最容易记住的，也是极容易被破解的。密码应由大写字母、小写字母、数字、特殊符号组成，密码长度大于或等于 12 位，并定期修改变更，提升密码的安全性。

### 6.3.3.2 邮件安全防护

#### 1. 病毒邮件防护

由于电子邮件常常附带文件，而这些文件可能是应用程序、文档或病毒。因此，当接收邮件时，应及时对其进行病毒扫描，特别是当这些邮件来自一个可疑的或匿名的发送者时。在很多情况下，邮件和所附文件存放于邮件服务器中，大部分防毒程序不能访问这些信息文件，或者无法有效地检测和清除隐藏于消息文件中的病毒。即使一些常驻内存的防毒程序在打开被感染文件时能检测到病毒，仍不能自动清除。

防护电子邮件病毒的方法如下。

（1）使用防毒软件同时保护客户机和服务器。一方面，只有服务器的防毒软件才能访问个人目录，并且防止病毒从外部入侵；另一方面，只有服务器的防毒软件才能进行全局检测和清除病毒。

（2）使用特定的简单邮件传输协议（SMTP）杀毒软件。SMTP 杀毒软件具有独特的功能，它能在那些从 Internet 或局域网上下载的被感染邮件到达本地邮件服务器之前拦截它们，从而保持本地网络的无毒状态。

（3）保护所有的服务器，即使它们没有与外界连接。

（4）用优秀的防毒软件对邮件系统进行专门的防护。

（5）保护整个网络而不是其中一部分。对于整个网络的病毒防护，建议使用特定的杀毒软件对服务器和工作站进行全方位的保护。

### 2. 防范邮件炸弹

#### 1）解除电子邮件炸弹威胁重在预防

邮件炸弹的原理是向有限容量的信箱投入足够多或足够大的邮件使邮箱崩溃。这类邮件炸弹很多，如 Nimingxin、Quickfyre、雪崩等。邮件炸弹的使用也很简单，填上收信人的 E-mail 地址、输入要发送的次数、选择简单邮件传输协议（SMTP）主机、随意填上自己的地址，按"发信"就开始发送炸弹了。使用如下方法尽可能地避免邮件炸弹的袭击：不随意公开自己的电子邮箱地址；隐藏自己的电子邮件地址；谨慎使用自动回信功能。

#### 2）采用公开密钥加密技术

公开密钥加密技术需要使用一对密钥来分别完成加密和解密操作，以保证电子邮件的完整性和真实性。这对密钥中的一个公开发布，称为公开密钥；另一个由用户自己安全保存，称为私有密钥。信息发送者首先用公开密钥去加密信息，而信息接收者则用相应的私有密钥去解密。通过数字手段保证加密过程是一个不可逆过程，即用公钥加密的信息只能用于该公钥配对的私有密钥才能解密。用户利用自己的私有密钥签名的消息就只能被相应的公钥验证（解密），从而可以确信消息来自特定的用户，因为只有该用户才拥有该私钥的使用权。

#### 3）预防监听

邮件应用中许多基于 Web 的电子邮件系统都提供了一个"记住"用户名和密码的功能。如果在公用计算机上错误地选择了简易登录选项，那么其他人都会很容易地访问到用户的账号和密码。所以要确保系统不会把用户的登录证书保存在缓存中；不使用电子邮件系统时，要确保退出登录。

邮件协议在发送邮件时，电子邮件并不是直接发送到对方的电子邮件信箱里，而是会经过数量不可预知的中间服务器。任何人只要能访问到该路径上的任何服务器，就可以读到正在传输的消息内容。电子邮件的传送也与距离有关，电子邮件信箱之间的中间服务器节点越少，被人偷看的可能性就越低。因此，对于需要保密的邮件，采用数字证书帮助安全发送是最常见的方法。

电子邮件给信息传输带来了便利，同时也带来了很大的安全隐患。邮件系统是网络安全中的一个重要环节，单靠纯粹的技术手段是无法解决的，还是应当采用管理与技术相结合的方式，以先进的技术手段为基础，以完善的管理制度和法律法规为依托，依靠各运营商和邮件服务商的协调合作，对社会各主体的邮件活动进行规范，才能达到理想的目标。

## 6.3.4　内容过滤

内容过滤是一种对通过文件防火墙工具对文件或应用的内容进行过滤的安全机制。通过业务感知技术识别流量中包含的内容，设备可以对包含特定关键字的流量进行阻断或告警。

内容过滤可以阻止机密信息的传播，降低机密泄露的风险。降低非授权人员浏览、发布、传播敏感信息而带来的法律风险。阻止非授权人员浏览和搜索与工作无关的内容，保证工作效率。

### 6.3.4.1　内容过滤种类

内容过滤包括文件内容过滤和应用内容过滤。

（1）文件内容过滤是对用户上传和下载的文件内容中包含的关键字进行过滤。管理员可以控制对哪些应用传输的文件以及哪种类型的文件进行文件内容过滤。

（2）应用内容过滤是对应用协议中包含的关键字进行过滤。针对不同应用，设备过滤的内容不同。

### 6.3.4.2　内容过滤方法

通常采用关键字过滤，关键字是内容过滤时设备需要识别的内容，如果在文件或应用中识别出关键字，设备会对此文件或应用执行响应动作。关键字通常为机密信息（如标注了保密级别的文档、安全管理人员个人信息或被管控人员个人信息的报告）或违规信息（不文明用语、业务敏感或规定的违规信息等）。

关键字包括预定义关键字和自定义关键字。

预定义关键字是系统默认存在的可以识别的关键字，包括银行卡号、信用卡号、社会安全号、身份证号、手机号、机密关键字（包括"秘密""机密""绝密"）。

自定义关键字是信息安全管理员自定义的需要识别的关键字，有文本和正则表达式两种定义方式。

文本方式是使用文本的方式表示需要识别的关键字，例如信息安全管理员想要识别关键字"机密文件"，只需要自定义文本方式的关键字"机密文件"即可。文本方式配置简单，匹配精确。例如，关键字可以匹配到"abc""中国""a中"，但是不能匹配"a""ab""中"，这一类属于严格匹配。

正则表达式是使用正则表达式的方式表示需要识别的关键字。与文本方式不同的是，一个正则表达式可以表示多个关键字。例如正则表达式"abc * de"中的"*"可以匹配任意单个字符，所以"abc * de"可以表示"abcxde""abcyde""abc8de"等等。

当设备在内容过滤检测时识别出关键字，设备会执行响应动作。

### 6.3.4.3 内容过滤动作

内容过滤动作通常分为告警和阻断。

（1）告警是指识别出关键字后，记录日志并以适当方式发送给信息安全管理员或特定人员，但不阻断内容传输。

（2）阻断是指识别出关键字后，阻断内容传输并记录日志且以适当方式发送给信息安全管理员或特定人员。在用户看来则是无法显示网页、上传或下载文件失败、邮件发送或接收失败。

（3）自识别分类处置是按权重操作，每个关键字都存在一个权重值，当设备检测的内容中出现关键字时，设备会将这些关键字的权重值按出现次数累加。如果权重值的和大于等于"告警阈值"小于"阻断阈值"，则设备会执行"告警"动作，"告警"动作仅执行一次；如果权重值的和大于等于"阻断阈值"，则设备会执行"阻断"动作。

### 6.3.4.4 内容过滤处理流程

内容过滤处理流程如下。

第一步：设备对流量的内容进行检测，识别出流量的内容属性。

第二步：如果是应用内容则识别出应用类型、应用内容传输的方向。如果是文件内容则识别出承载文件的应用类型、文件的类型和文件传输的方向。

第三步：设备将流量的内容属性与内容过滤规则的条件进行匹配。

第四步：如果所有条件都匹配，则此内容成功匹配此规则。如果其中有一个条件不匹配，则继续执行下一条规则。以此类推，如果所有内容过滤规则都不匹配，则设备允许此内容通过。

第五步：如果内容成功匹配一条内容过滤规则，则设备会对此内容进行关键字检测，检测内容中是否存在内容过滤规则定义的关键字。

第六步：如果检测时识别出关键字，则设备会执行响应动作。如果没有识别出关键字，则设备允许此内容通过。

## 6.3.5　上网行为审计

信息化建设是将传统的线下办公转变为网络化办公，相关的工作记录、公文文书办理形式由线下转移到了线上，企事业的管理方式也发生了改变。很多企事业单位为保障应用安全都选择使用上网行为监控软件进行管理，那么它都可以审计到哪些内容，是如何帮助企事业单位应用安全进行管理的？局域网中的上网行为监控能够透明地审计每一个网络用户一切上网行为。

### 6.3.5.1　屏幕快照截图

能够对用户电脑的屏幕快照进行保存记录，可以实时查看终端电脑当前电脑屏幕，右键菜单可以实时追踪。屏幕快照以秒为单位进行，管理者通过屏幕快照可以直观地了解网络用户在工作过程中的办公情况。

### 6.3.5.2　文件操作日志

可以查看终端用户对文件的所有操作，支持操作动作、源文件、目的路径、类型和审计时间，同时支持右键导出数据、复制和删除操作。

### 6.3.5.3　应用程序日志

支持显示终端计算机运行程序的记录，支持进程名、大小、描述和版本，管理者可以了解网络用户在上班时间内应用程序的使用详情。

### 6.3.5.4　浏览网站日志

支持审计终端用户浏览网站的记录，支持网址 URL、网站标题和时间。

### 6.3.5.5　网络搜索

显示终端计算机通过搜索引擎搜索的内容，支持百度、搜狗、360、淘宝、京东等搜索引擎。

### 6.3.5.6 U盘使用记录

显示终端计算机插拔 USB 存储设备的记录，支持盘符、卷标、容量、USB 标识及管控动作，以及终端计算机对 USB 存储设备的操作文件记录，支持操作动作、源文件、目的路径、类型和审计时间的记录。

### 6.3.5.7 电子邮件

显示终端用户邮件客户端或 Web 邮箱发送的邮件，支持发件人、收件人、主题、正文及附件，同时支持双击查看邮件具体内容。

### 6.3.5.8 上传下载

显示终端用户通过聊天工具、浏览器、迅雷和百度网盘等上传下载的文件，支持文件内容、文件大小、动作、途径和详情的审计。

### 6.3.5.9 聊天内容

显示终端用户通过聊天工具的聊天内容审计，支持微信、QQ、钉钉和企业微信等聊天工具，支持聊天软件名称、发送者、聊天对象、聊天内容和时间。

## 🔍 6.3.6 CA电子认证服务

### 6.3.6.1 CA电子认证服务原理

CA 电子认证服务是指为电子签名相关各方提供真实性、可靠性验证的活动。

其设计思路主要以 PKI 公钥基础设施为基础，以数字证书为媒介，以 CA 安全组件为桥梁，将 PKI 公钥基础设施安全体系与业务应用系统进行有效结合，以满足系统的应用安全需求。第三方的权威认证机构是整个认证体系的基础，拥有完整的 PKI 基础设施证书认证服务系统，为用户和应用系统之间搭建了双方互信的平台。CA 安全组件则是以 PKI/CA 技术为基础，全面支持基于数字证书应用技术，为应用系统提供丰富的 PKI 公钥基础设施技术服务。CA 电子认证原理如图 6-3 所示。

（1）基于 CA 合法的第三方电子认证机构，对平台上的用户、机构和设备的身份进行可靠认证，为平台应用安全奠定基础。

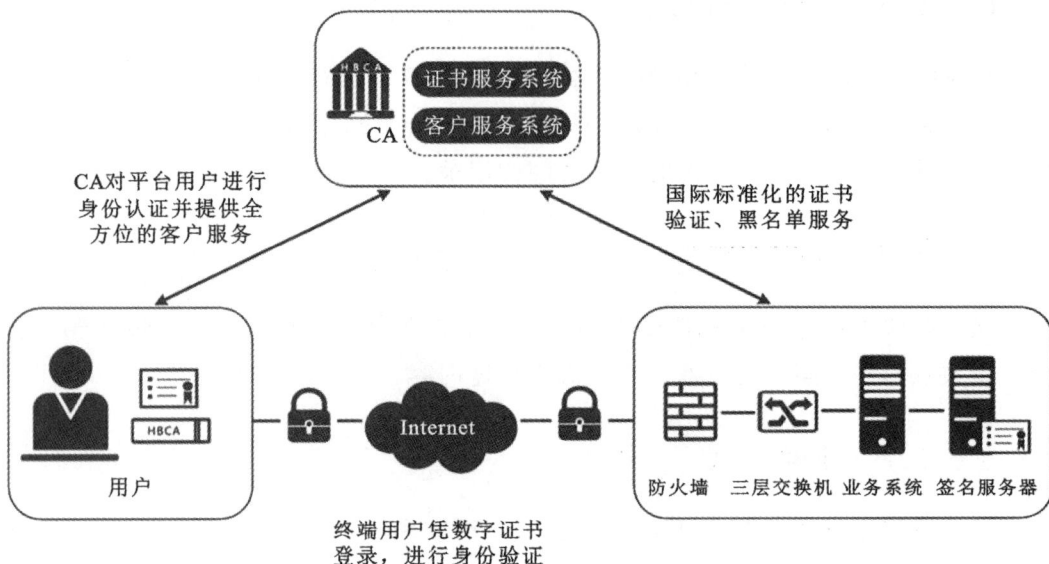

**图 6-3　CA 电子认证原理**

（2）利用 PKI 公钥基础设施技术基于数字证书的应用，在跟业务系统紧密结合后确保用户的身份认证、统一授权等问题，替代以往用户名＋密码等形式的不安全身份认证模式，打造一个高强度的身份认证平台。

（3）利用 CA 安全组件实现对关键步骤的关键数据进行数字签名和数据加密，实现数据交换过程中的安全传输、存储以及责任认定。

（4）利用电子签章技术，保证公文信息的完整性和不可抵赖性，确保公文流转的安全性，从而实现真正的无纸化办公，不再需要收发纸质公文，归档所需要的纸质公文可以通过收文方直接打印电子公文获取。

（5）利用符合电子签名法规定的数字签名、电子签章技术，确保网上行为的法律效力，有效建立网上行为的责任认定机制。

方案设计充分考虑了信息系统的业务特点，在数字证书服务体系的基础上，利用应用安全支撑平台为信息系统提供基于数字证书的认证、加密、签名、验证等安全功能，形成电子认证服务和安全应用支撑体系。

### 6.3.6.2　数字证书

数字证书是标志网络用户身份信息的一系列数据，用来在网络通信中识别通信各方的身份，即要在网络上解决"我是谁"的问题，就如同现实中我们每一个人都要拥有一张证明个人身份的身份证或驾驶执照一样，以表明我们的身份或某种资格，相当于网上的身份证。它是由权威机构——CA 中心发行的，人们可以在网上用它来识别对方的身份。数字证书是一个经证书授权中心数字签名的包含公开密钥拥有者信息以及公开密钥的文件。最简单的证书包含一个公开密钥、名称以及证书授权中心的数字签名。一般情况下证书中还包括密钥的有效时间、发证机关的名称、证书的序列号等信息，证书的格式遵循 X.509 国际标准。

数字证书为一种软件实体，需要特殊的存储介质进行保存，CA 提供证书存储介质（简称"USBKey"）用于装载数字证书及其私钥。USBKey 是目前广泛使用的数字证书存储介质，CA 在制作双证书的过程中结合了 USBKey 的功能特点，实现了私钥的安全保护，不泄露，防篡改，保证数字证书及其私钥的安全，并方便用户随身携带。

为了保护数字证书及其私钥的安全，每一个 USBKey 都有一个保护密码（PIN 码），只有输入正确的 PIN 码，才能正常使用数字证书及其私钥。每个USBKey 出厂时都有一个默认的密码，用户可自行修改。为防止暴力破解，在连续输入几次错误口令后，USBKey 会自动锁死，无法使用，如需继续使用，需持有效证件到发证机构进行解锁操作。

### 6.3.6.3　数字签名

数字签名是数字证书的重要应用功能之一。所谓数字签名是指证书用户（甲）用自己的签名私钥对原始数据的杂凑变换后所得消息摘要进行加密所得的数据。信息接收者（乙）使用信息发送者的签名证书对附在原始信息后的数字签名进行解密后获得消息摘要，并对收到的原始数据采用相同的杂凑算法计算其消息摘要，将二者进行对比，即可校验原始信息是否被篡改。数字签名可以完成对数据完整性的保护和传送数据行为不可抵赖性的保护。其特性是可以确保数据的完整性、不可抵赖性，等同于现实生活中的签名一样，因此叫数字签名。

由于数字签名的完整性和不可抵赖性，可以确保系统信息数据完整性和操作的不可抵赖性。在信息系统中，用户需要承担法律责任的所有信息都需要采用数字签名来保护。

当出现业务纠纷的情况下，取出数字签名记录进行验证。CA 提供标准并满足数字签名验证方法，能够判断签名信息的有效性、签名者证书的真实性，从而明确业务纠纷的责任归属。

## 6.3.7 应用安全关注范围

### 6.3.7.1 身份鉴别

（1）应对登录的用户进行身份标识和鉴别，身份标识具有唯一性，身份鉴别信息具有复杂度要求并定期更换；

（2）应具有登录失败处理功能，应配置并启用结束会话、限制非法登录次数和当登录连接超时自动退出等相关措施；

（3）当进行远程管理时，应采取必要措施防止鉴别信息在网络传输过程中被窃听；

（4）应采用口令、密码技术、生物技术等两种或两种以上组合的鉴别技术对用户进行身份鉴别，且其中一种鉴别技术至少应使用密码技术来实现。

### 6.3.7.2 可信验证

可基于可信根对边界设备的系统引导程序、系统程序、重要配置参数和边界防护应用程序等进行可信验证，并在应用程序的关键执行环节进行动态可信验证，在检测到其可信性受到破坏后进行报警，并将验证结果形成审计记录送至安全管理中心。

### 6.3.7.3 访问控制

（1）应对登录的用户分配账户和权限；

（2）应重命名或删除默认账户，修改默认账户的默认口令；

（3）应及时删除或停用多余的、过期的账户，避免共享账户的存在；

（4）应授予管理用户所需的最小权限，实现管理用户的权限分离；

（5）应由授权主体配置访问控制策略，访问控制策略规定主体对客体的访问规则；

（6）访问控制的粒度应达到主体为用户级或进程级，客体为文件、数据库表级；

（7）应对重要主体和客体设置安全标记，并控制主体对有安全标记信息资源的访问。

### 6.3.7.4 安全审计

（1）应启用安全审计功能，审计覆盖到每个用户，对重要的用户行为和重要安全事件进行审计；

（2）审计记录应包括事件的日期和时间、用户、事件类型、事件是否成功及其他与审计相关的信息；

（3）应对审计记录进行保护，定期备份，避免受到未预期的删除、修改或覆盖等；

（4）应对审计进程进行保护，防止未经授权的中断。

### 6.3.7.5 入侵防范

（1）应遵循最小安装原则，仅安装需要的组件和应用程序；

（2）应关闭不需要的系统服务、默认共享和高危端口；

（3）应通过设定终端接入方式或网络地址范围对通过网络进行管理的管理终端进行限制；

（4）应提供数据有效性检验功能，保证通过人机接口输入或通过通信接口输入的内容符合系统设定要求；

（5）应能发现可能存在的已知漏洞，并在经过充分测试评估后，及时修补漏洞；

（6）应能够检测到对重要节点进行入侵的行为，并在发生严重入侵事件时报警。

### 6.3.7.6 恶意代码防范

应采用免受恶意代码攻击的技术措施或主动免疫可信验证机制，及时识别入侵和病毒行为，并将其有效阻断。

### 6.3.7.7 数据完整性

（1）应采用校验技术或密码技术保证重要数据在传输过程中的完整性，包括但不限于鉴别数据、重要业务数据、重要审计数据、重要配置数据、重要视频数据和重要个人信息等；

（2）应采用校验技术或密码技术保证重要数据在存储过程中的完整性，包括但不限于鉴别数据、重要业务数据、重要审计数据、重要配置数据、重要视频数据和重要个人信息等。

# 6.4　项目实施

## 🔍 任务6-1　实现安全上网痕迹清理

任务描述

小李因工作需要临时借用小A的办公电脑登录邮箱下载了邮件，登录了内部办公系统，处理了文件传阅。在归还电脑前实施了安全上网痕迹清理，确保不留下工作秘密。

任务实施

（1）为清理上网留下的痕迹，小李点选了浏览器菜单栏的"设置"按钮，打开了"设置"，选择"安全设置"（见图6-4）。

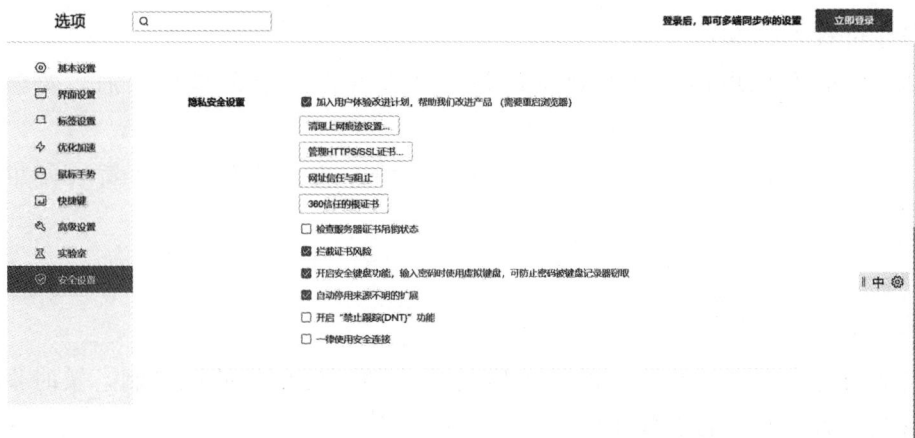

**图6-4　"安全设置"**

（2）在右边菜单选择了"清除上网痕迹"（见图6-5），进入下级菜单。

（3）根据需要选择"清除这段时间的数据"栏的"过去一小时"时间设置，同时多选"下载历史记录"，然后选择"立即清理"按钮，开始自动清理。

（4）接着点选"管理保存过的账号和密码"选项，进入"已保存密码的网站列表"（见图6-6），查看是否存在登录过的账号和密码，如有则点击后方删除按钮删除该信息。

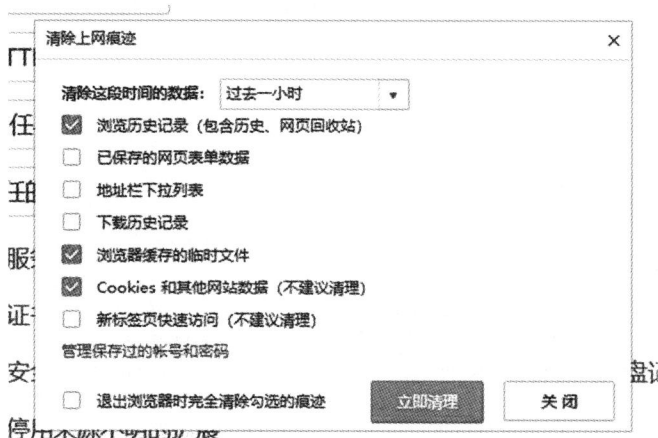

图 6-5 "清除上网痕迹"

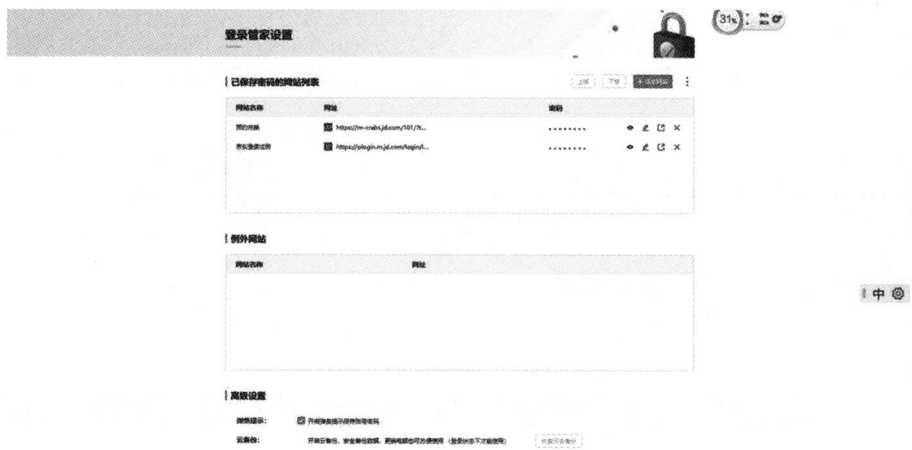

图 6-6 "已保存密码的网站列表"

（5）回到主设置界面，选择"高级设置"（见图 6-7），选择"当前缓存目录"，点击"更改"按钮。

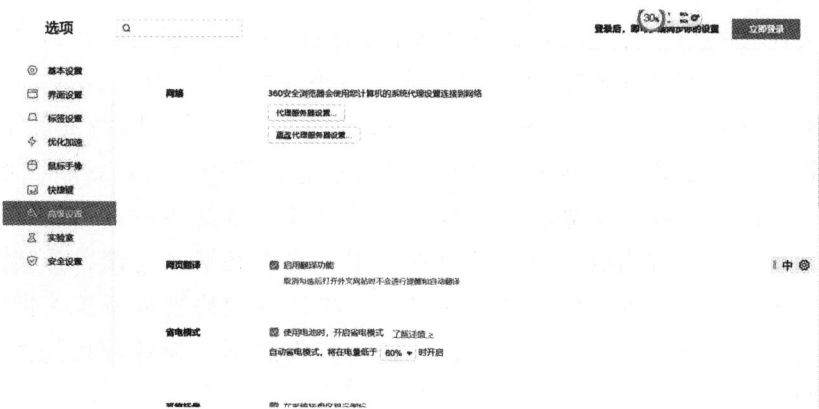

图 6-7 "高级设置"

（6）全选所有文件夹（见图 6-8），选择删除，清理缓存，即可安全清理上网痕迹。

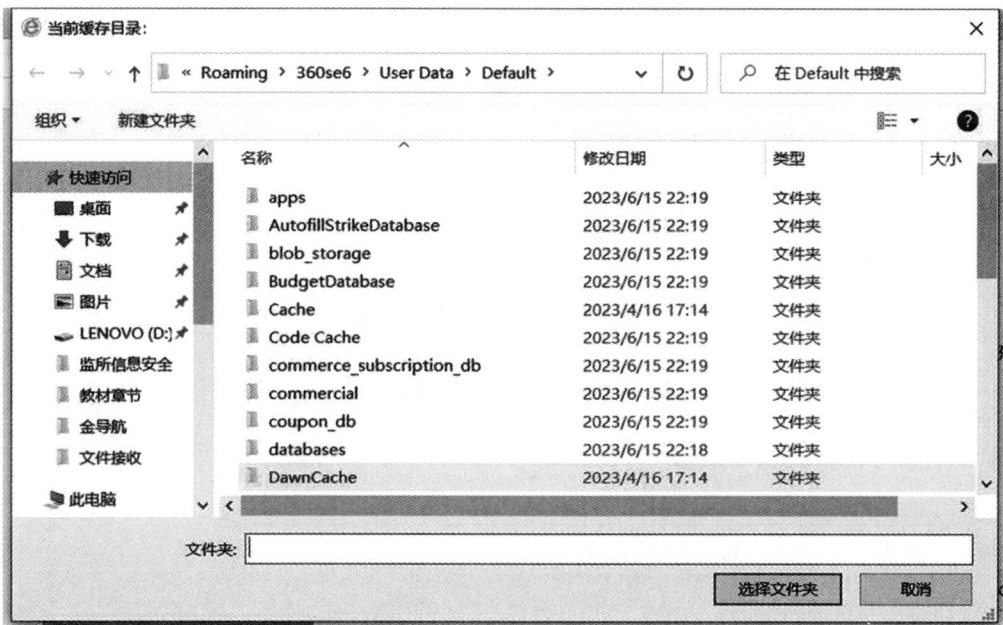

**图 6-8　选择文件夹**

（7）最后安全退出并关闭浏览器。

# 6.5　课程思政：国家"净化网络环境专项行动"

在利益驱动下，为谋取不当利益，部分网站运营公司，通过网站平台提供有违规违法淫秽内容的广告、程序、图片、文字、音视频等的观看、下载、发布、讨论。

为大力净化网络文化环境，提供干净清朗的网络资源和平台，国家有关部门联合开展了"净化网络环境专项行动"，集中清理文学网站、游戏网站、视听节目网站以及移动智能终端应用程序平台、在线视频播放软件、网络资源下载工具、网络游戏推广广告中含有淫秽色情内容的各种信息，集中清理论坛、贴吧、博客、微博客、社交网站、搜索引擎、网络硬盘、即时通信群组中的淫秽色情信息，以及利用网络电视棒、网络存储器、手机存储卡等设备预装、复制、传播淫秽色情信息的电脑及手机销售商、维修店。同时，还将清理网络延伸覆盖至网下相关领域，大力清缴淫秽色情书刊、光盘等，特别是以未成年人为题材和传播对象的淫秽色情出版物。

专项行动期间关闭的网站主要有以下三类。

第一类是未依法履行备案登记手续或采用虚假信息备案，大肆传播淫秽色情视频的网站；未依法履行备案登记手续，发布血腥暴力、恐怖和淫秽色情电影的网站。

第二类是以"漫画""图片"等形式传播淫秽色情信息的非法网站。

第三类是一些单位主办的，废弃后无人管理，被不法分子窃取后用于传播淫秽色情信息的网站。

在专项行动中，国家网信办重点对一些以"养生""情感""健康"等为名开办的网站进行全面排查，关闭了近 200 个栏目和频道。

专项行动期间，国家网信办还根据公众举报，协调有关部门取缔了广西苍梧、安徽淮北等多处黑网吧。净化网络环境工作得到社会各界的支持，国家网信办收到网民、家长、教师的来电、来信、电子邮件 3000 多件次。

# 6.6 拓展提升：数字经济下的信息安全

数字经济已经成为全球新一轮科技革命和产业变革的重要引擎，随着全社会数字化进程的加速，数字安全的基础性作用日益突出。数字经济在突破传统生产要素的流动限制，促进市场效率提升的同时，也带来了不容忽视的信息安全问题。在全面进入数字时代的当下，维护国家数据安全，保护个人信息、商业机密，面临着较大的挑战。近年来，有关数据泄露、数据窃听、数据滥用等安全事件屡见不鲜，保护数据资产已引起各国高度重视。

根据《数据安全法》和其他一些相关法规的要求，数字经济商家必须对所收集的数据负安全责任。掌握的数据越多，担负的责任就越大。单条的身份信息、轨迹信息、视频信息看起来没有特别的价值，但是如果把这些信息拼接起来，再通过大数据分析，就可以得到很多重要的信息。

网购、网约车、网上银行等互联网服务已经全方位介入现实生活。人们为了获取便利高效的服务，已习惯录入自己的姓名、电话、住址、银行卡号等隐私信息。从某种意义上讲，在大数据技术的背景下，绝大部分数据来自用户"自愿"提供。同时，人们在各种社交媒体上发布的动态和信息会在不经意间暴露自身的敏感信息，这也使个人信息更容易公开。根据最新研究显示，只要有一个人的年龄、性别和邮编，就能从公开的数据中搜索到这个人 87％的个人信息。

随着定位技术的高速发展以及物联网、大数据和人工智能等技术的不断发展与应用，无论是微博、微信、QQ 等网络社交应用，还是涉及人们衣食住行的其他相关应用，都存在着个人数据外泄的可能。

数据的使用与收集都具有高度隐蔽性，但结合强大的数据分析能力，让众多用户无形中成为"被监控"的对象。于是"天知地知、你知我知"的数据变得"人尽皆知"。数据使用便利的同时，让渡的是隐患重重的消费者隐私安全，甚至是国家安全。

以网约车为例，一些网约车企业在长期的业务开展中，积累了海量的出行数据与地图信息。此外，汽车在使用过程中联动的摄像头、传感器等，都涉及众多数据安全问题，消费者的个人隐私、企业的商业机密乃至国家安全，都有可能受到严重威胁。据统计，2020年全球数据泄露超过去15年的总和。其中，政务、医疗及生物识别信息等高价值特殊敏感数据泄露风险加剧，云、端等数据安全威胁居高不下，数据交易黑色地下产业链活动猖獗。

数据安全已经上升到国家主权的高度，是国家竞争力的直接体现，是数字经济健康发展的基础。当前必须解决数据安全领域的突出问题，有效提升数据安全治理能力。

数据保护是在进行数字化转型的大背景下，在数据流动和使用状态中的数据保护，不同于以前防火墙式的静态保护，数据安全治理更倾向于动态保护。数据安全治理能力建设需要从决策到技术、从制度到工具、从组织架构到安全技术的通盘考虑，既要注重"硬实力"的锻造，也要聚焦"软实力"的提升。

一方面，在技术设施领域，要持续提升数据安全的产业基础能力，构筑技术领先、自主创新的数据基座，确保数据基础设施安全可靠。同时，不断强化数据安全领域关键基础技术的研究与应用，在芯片、操作系统、人工智能等方面，加强密码技术基础研究，推进密码技术的成果转化，确保基础软件自主可控。

另一方面，要健全数据安全法律法规，不断强化法律法规在数据安全主权方面的支撑保障作用。据不完全统计，近年来我国国家、地方以及各行业监管部门关于数据安全、网络安全已颁布50多部相关法律法规。《数据安全法》的出台，也预示着我国数据开发与应用将全面进入法治化轨道。

思考题

（1）应用层面的安全，最主要的是解决什么问题？

（2）在使用浏览器实施Web应用的过程中，实行高安全级别的设置方法有哪些？

（3）在收发电子邮件时，要注意哪些安全风险？应采取什么方法来提高应用安全度？

（4）在信息安全应用过程中，针对安全工作需要，在内容过滤上可以采取哪些安全措施来保障？

（5）在身份鉴别上，常用的鉴别技术手段和应用有哪些？

# REFERENCES 参考文献

［1］汪双顶，陆沁．计算机网络安全［M］．北京：人民邮电出版社，2016.

［2］石淑华，池瑞楠．计算机网络安全技术［M］．4版．北京：人民邮电出版社，2016.

［3］陈家迁．信息安全技术项目教程［M］．北京：北京理工大学出版社，2016.

［4］荆继武．信息安全技术教程［M］．北京：中国人民公安大学出版社，2007.

［5］陈雪松．司法行政信息化设计与实践［M］．武汉：华中科技大学出版社，2021.

［6］陈雪松．司法行政信息化建设与管理［M］．武汉：华中科技大学出版社，2023.

# 与本书配套的二维码资源使用说明

　　本书部分课程及与纸质教材配套数字资源以二维码链接的形式呈现。利用手机微信扫码成功后提示微信登录，授权后进入注册页面，填写注册信息。按照提示输入手机号码，点击获取手机验证码，稍等片刻收到 4 位数的验证码短信，在提示位置输入验证码成功，再设置密码，选择相应专业，点击"立即注册"，注册成功。（若手机已经注册，则在"注册"页面底部选择"已有账号，立即登录"，进入"账号绑定"页面，直接输入手机号和密码登录。）接着提示输入学习码，须刮开教材封底防伪涂层，输入 13 位学习码（正版图书拥有的一次性使用学习码），输入正确后提示绑定成功，即可查看二维码数字资源。手机第一次登录查看资源成功以后，再次使用二维码资源时，在微信端扫码即可登录进入查看。